“十三五”职业教育系列教材

低压电器

主编　陈　莉
参编　尚俊霞
主审　薛博文

中国电力出版社
CHINA ELECTRIC POWER PRESS

内 容 提 要

本书是“十三五”职业教育系列教材。全书共7个模块，主要内容包括低压电器概述、低压熔断器、接触器、低压断路器、继电器、主令电器和刀开关、低压组合电器和成套设备。本书内容全面，体系规范，并设置了思考与练习题、技能训练等环节。同时配套丰富的数字资源，包括视频、习题、动画等，内容涵盖课程思政、前沿技术、重难点讲解等。

本书可作为高职院校供用电技术、铁道供电技术、城市轨道交通供配电技术、电气工程等专业的教材，也可作为企业培训用书，还可供工程技术人员学习参考。

图书在版编目（CIP）数据

低压电器/陈莉主编．—北京：中国电力出版社，2019.5（2025.2重印）

“十三五”职业教育规划教材

ISBN 978-7-5198-2728-1

Ⅰ.①低… Ⅱ.①陈… Ⅲ.①低压电器—职业教育—教材 Ⅳ.①TM52

中国版本图书馆CIP数据核字（2018）第276232号

出版发行：中国电力出版社

地　　址：北京市东城区北京站西街19号（邮政编码100005）

网　　址：http：//www.cepp.sgcc.com.cn

责任编辑：霍文婵

责任校对：黄　蓓　李　楠

装帧设计：王英磊　郝晓燕

责任印制：钱兴根

印　　刷：北京九州迅驰传媒文化有限公司

版　　次：2019年5月第一版

印　　次：2025年2月北京第五次印刷

开　　本：787毫米×1092毫米　16开本

印　　张：7

字　　数：154千字

定　　价：28.00元

前 言

低压电器品种较多，是工业生产、电力系统的重要元件，在国民经济建设中发挥着重大作用。目前我国的低压电器品种已经超过 1000 个系列，生产企业高达 1500 家以上。进入 21 世纪以来，我国低压电器经历了快速发展时期。为此，编者在总结多年教学经验和满足课堂教学融合岗位能力需求的基础上，为丰富教学资源，提高学生的学习兴趣及满意度编写了此书。

本书共 7 个模块，模块 1 介绍低压电器的基础知识；模块 2 介绍低压熔断器的工作原理、典型产品、选用与维护检修；模块 3 介绍接触器的结构、典型产品、维护与检修；模块 4 介绍低压断路器的结构及工作原理、选用与安装、运行维护；模块 5 介绍继电器，包括电流继电器、电压继电器、中间继电器、时间继电器、信号继电器、热继电器；模块 6 介绍主令电器和刀开关；模块 7 介绍低压组合电器和成套设备。

本书内容全面，体系结构规范；模块设置了技能训练、思考与练习题等环节；书中配有丰富的数字资源，扫描二维码可获取，内容涵盖课程思政、重难点讲解、习题等，形式多样，更新及时，可增强读者的动手能力并引导学习，利于教师授课。

本书由西安铁路职业技术学院陈莉主编并统稿，编写模块 1～模块 6；西安铁路职业技术学院尚俊霞编写模块 7。西安铁路职业技术学院薛博文主审，仔细审读了全书，并提出宝贵意见。

由于编者水平有限，加之时间仓促，书中难免存在不足之处，恳请广大读者提出宝贵意见，敬请批评指正，不胜感激。

编 者

2018 年 12 月

目录

模块1 低压电器概述

知识点

1. 熟悉电器与电气的区别、低压电器的定义、分类方法；
2. 掌握低压电器的全型号表示法及代号含义、主要技术指标。

技能点

1. 会根据全型号正确判断低压电器产品的重要参数；
2. 能把握低压电器产品发展的趋势。

电器与电气的区别是什么？电气是以电能、电气设备和电气技术为手段来创造、维持与改善限定空间和环境的一门科学，涵盖电能的转换、利用和研究三方面，包括基础理论、应用技术、设施设备等，电子、电器和电力都属于电气工程。电气是不可触摸、抽象的分类概念，不是具体指某个设备或器件，而是指整个系统和电子、电器和电力的范畴。电器泛指所有用电的器具，也就是具体的用电设备。从专业角度上来讲，电器是一种能根据外界的信号（机械力、电动力和其他物理量），自动或手动接通和断开电路，从而断续或连续地改变电路参数或状态，实现对电路或非电对象的切换、控制、保护、测量、指示和调节的电气元件或设备。

电器的范围要狭隘一些，一般是指保证用电设备与电网接通或关断的开关器件，而电气更为宽泛，与电有关的一切相关事物都可用电气表述；电器侧重于个体，是元件和设备，而电气则涉及整个系统或者系统集成；电气是广义词，指一种行业，一种专业，不具体指某种产品；电气也指一种技术，如电气自动化，包括工厂电气（如变压器、供电线路）、建筑电气等，而电器是实物词，指具体的物质。

低压电器通常是用于交流额定电压1200V、直流额定电压1500V及以下的电路所使用的电器产品。低压电器是供电系统中的基本组成元件，供电系统的可靠性、先进性、经济性都与所选用的低压电器有直接关系。

教学单元1 低压电器的分类

低压电器的种类繁多，按其结构用途及所控制的对象不同，有不同的分类方法。

(1) 按用途不同，可分为控制电器、主令电器、保护电器、配电电器和执行电器。

1）用于各种电力拖动及自动控制系统的控制电器，这类电器包括接触器、启动器和各种控制继电器等。对控制电器的主要技术要求是操作频率高、寿命长，有相应的转换能力。

2）用于自动控制系统中发送控制指令的主令电器，这类电器包括按钮、行程开关、万能转换开关等。

3）用于保护电路及用电设备的保护电器，这类电器包括低压熔断器、热继电器、低压断路器等。

4）用于低压电网的配电电器，这类电器包括刀开关、转换开关、低压断路器和低压熔断器等。对配电电器的主要技术要求是断流能力强，在系统发生故障时保护动作准确，工作可靠，并有足够的热稳定性和动稳定性。

5）用于完成某种动作或传动功能的执行电器，这类电器包括电磁铁、电磁离合器等。

(2) 按操作方式不同，可分为自动电器和手动电器。

1）自动电器：通过电磁（或压缩空气）做功来完成接通、分断等动作的电器。常用的自动电器有接触器、继电器等。

2）手动电器：通过人力做功来完成接通、分断等动作的电器。常用的手动电器有按钮、刀开关、万能转换开关。

(3) 按工作原理不同，可分为电磁式电器和非电量控制电器。

1）电磁式电器：它是依据电磁感应原理来工作的电器，如接触器、各类电磁式继电器等。

2）非电量控制电器：它是靠外力或某种非电量的变化而动作的电器，如位置开关、速度继电器等。

(4) 按有无触头分，可分为有触头电器、无触头电器和混合电器。

1）有触头电器：指电器通断的功能由触头来实现。这类电器包括接触器、低压断路器等。

2）无触头电器：指电器通断的执行功能根据开关元件输出信号的高低电平来实现。这类电器包括接近开关、晶闸管接触器等。

3）混合电器：指有触头电器和无触头电器相结合的电器。这类电器包括温度继电器、智能断路器等。

另外，低压电器按工作条件不同，还可分为一般工业电器、船用电器、化工电器、矿用电器、牵引电器及航空电器等，其对防护形式、耐潮湿、耐腐蚀、抗冲击等性能的要求不同。

教学单元 2　低压电器的全型号表示法

为了生产销售、管理和使用方便，我国对各种低压电器都按规定编制型号，即由类组代号、设计代号、基本规格代号和辅助规格代号等构成低压电器的型号，每一级代号后面可根据需要加设派生代号。

低压电器产品型号各部分必须使用规定的符号或数字表示，其表示方法如下：

〔1〕〔2〕〔3〕〔4〕〔5〕/〔6〕〔7〕

各部分代表的含义如下：

〔1〕表示类组代号，用汉语拼音字母表示，类组代号有两个字母，第一个字母表示低压电器元件所属的类别，第二个字母表示在同一类电器中所属的组别。类组代号见表1-1，其中横排字母是类别代号，竖排字母为组别代号。

〔2〕表示设计代号，用数字表示，表示同类低压电器元件的不同设计序列。

〔3〕表示特殊派生代号，用汉语拼音字母表示，表示全系列在特殊情况下变化的特征，一般不用。

〔4〕表示基本规格代号，用数字表示，表示同一系列产品中不同的规格品种。

〔5〕表示通用派生代号，用汉语拼音字母表示，表示系列内个别变化的特征，见表1-2。

〔6〕表示辅助规格代号，用数字表示，表示同一系列、同一规格产品中的有某种区别的不同产品。

〔7〕表示特殊环境条件派生代号，用汉语拼音字母表示，见表1-3。

其中，类组代号与设计代号的组合表示产品的系列，一般称为电器的系列号。同一系列的电器元件的用途、工作原理和结构基本相同，而规格、容量则根据需要有多种。例如，JR16-20/3D，其中JR16是热继电器的系列号，同属这一系列的热继电器的结构、工作原理都相同，但其热元件的额定电流从零点几安到几十安，有十几种规格。16是设计代号，20为额定电流，辅助规格代号3D表示有3相热元件，装有差动式断相保护装置，D表示能对三相异步电动机有过载和断相保护功能。

教学单元3 低压电器的主要技术指标

为保证电器设备安全可靠地工作，国家对低压电器的设计、制造规定了严格的标准，合格的电器产品具有国家标准规定的技术要求。人们在使用电器元件时，必须按照产品说明书中规定的技术条件选用。低压电器的主要技术指标如下：

（1）绝缘强度：指电器元件的触头处于分断状态时，动、静触头之间耐受的电压值（无击穿或闪络现象）。

（2）耐潮湿性能：指保证电器可靠工作的允许环境潮湿条件。

（3）极限允许温升：电器的导电部件通过电流时将引起发热和温升，极限允许温升指为防止过度氧化和烧熔而规定的最高温升值。

（4）操作频率：电器元件在单位时间（1h）内允许操作的最高次数。

（5）寿命：电器的寿命包括电寿命和机械寿命两项指标。电寿命是指电器元件的触头在规定的电路条件下，正常操作额定负荷电流的总次数；机械寿命是指电器元件在规定的使用条件下，正常操作的总次数。

表 1-1　　低压电器产品类组代号

代号	名称	A	B	C	D	G	H	J	K	L	M	P	Q	R	S	T	U	W	X	Y	Z
H	刀开关和转换开关				刀开关		封闭式负荷开关		开启式负荷开关					熔断式刀开关	刀形转换开关					其他	组合开关
R	熔断器			插入式						螺旋式	无填料密闭管式				快速式	有填料密闭管式			限流	其他	自复式
D	断路器									照明	灭瓷				快速			万能式	限流	其他	塑料外壳式
K	控制器					鼓形						平面				凸轮				其他	
C	接触器					高压		交流				中频			时间					其他	直流
Q	启动器	按钮式		磁力				减压							手动		油浸		星三角	其他	综合
J	控制继电器									电流				热	时间	通用		温度		其他	中间
L	主令电器	按钮							主令控制器						主令开关	足踏开关	旋钮	万能转换开关	行程开关	其他	
Z	电阻器		板形元件	冲片元件		管形元件									烧结元件	铸铁元件			电阻器	其他	
B	变阻器			旋臂式						励磁		频敏	启动		石墨	启动调速	油浸启动	液体启动	滑线式	其他	
T	调整器				电压																
M	电磁铁												牵引					起重			制动
A	其他		保护	插销	灯		接线盒			铃											

表 1-2　　通用派生代号

派生字母	代表含义
A、B、C、D 等	结构设计稍有改进或变化
J	交流、防溅式
Z	直流、自动复位、防震、重任务
W	无灭弧装置
N	可逆
S	有锁住机构、手动复位、防水式、三相、三个电源、双线圈
P	电磁复位、防滴式、单相、两个电源、电压
K	开启式
H	保护式
M	密闭式、灭磁
Q	防尘式、手牵式
L	电流式
X	限流
F	高返回、带分励脱扣

表 1-3　　特殊环境条件派生代号

派生字母	代表含义	备注
T	按湿热带临时措施	此项派生代号加注在产品全型号之后
TH	湿热带	
TA	干热带	
G	高原	
H	船用	
Y	化工防腐用	

教学单元 4　低压电器产品的发展

(1) 20 世纪 60～70 年代初——在模仿基础上设计开发的第一代统一设计产品。

以 CJ10、DW10、DZ10、JR1B 为代表，约 29 个系列产品，产品特点：结构尺寸大、材料消耗多、性能指标不理想、品种规格不齐全，相当于国外 20 世纪 50 年代产品水平。

(2) 20世纪70～80年代——更新换代和引进国外先进技术制造的第二代产品。

以CJ20、DW15、DZ2为代表，共56个系列。产品特点：技术指标明显提高，保护特性较完善，体积缩小，结构上适应成套装置要求，是我国低压电器的支柱产品。总体技术性能相当于国外20世纪80年代初水平。

(3) 20世纪90年代至今——跟踪国外新技术新产品自行开发研制了第三代的新产品。

以DW40、DW45、DZ40、S、CJ40等为代表的10多个系列产品，与国外公司合资生产的产品如M、F、3TF约30个系列产品。产品特点：性能优良、工作可靠、体积小、电子化、智能化、组合化、模块化、多功能化。

我国低压电器技术发展的总体趋势是通过采用高新技术，重点开发环保化、智能化、电子化、模块化、网络化、标准化、可通信化、设计无图化、制造高效化的低压电器产品，来淘汰工艺落后、能耗高、体积大、耗材多又污染环境的产品的同时，对现有较好的传统产品进行二次开发，巩固传统产品的市场，并大力发展低压电器的现场总线技术，努力缩小同国外先进水平的差距。

思考与练习题

1-1　电气与电器有何区别？

1-2　低压电器的定义是什么？

1-3　低压电器有哪些分类方法？

1-4　电磁式电器和非电量控制电器的工作原理分别是什么？

1-5　列举出低压供电系统中哪些属于保护电路及用电设备的保护电器。

1-6　低压电器的全型号由哪些部分组成？

1-7　低压电器型号的各部分含义是什么？

1-8　低压电器的主要技术指标有哪些？

1-9　电器的寿命包括哪两项指标？

1-10　某低压电器的类组代号为RC，该电器的名称是什么？

1-11　低压电器的发展趋势是什么？

1-12　国内低压断路器最新产品型号有哪些？

1-13　第三代新产品的特点是什么？

模块 2　低压熔断器

知识点

1. 熟悉低压熔断器的结构、工作原理、型号及技术参数；
2. 掌握低压熔断器的作用、分类及典型产品。

技能点

1. 能正确选择和使用低压熔断器；
2. 具有低压熔断器维护检修和故障处理的能力。

教学单元 1　低压熔断器的认知

一、低压熔断器的作用

低压熔断器利用金属导体作为熔体，根据电流超过规定值一定时间后，以熔体自身产生的热量使熔体熔化，从而使电路断开起到保护作用的一种过电流保护电器。低压熔断器广泛应用于低压配电系统、控制系统及用电设备中，主要作为短路保护，有时也作为过载保护，是应用较普遍的保护器件之一。

低压熔断器的优点是结构简单、价格低廉、体积小、维护与更换方便、使用广泛。其缺点是不能用以正常切断或接通电路，而必须与其他电器配合使用；当熔体熔化后必须更换，需要短时停电，因此恢复供电时间较长。另外，低压熔断器性能不稳定。

二、低压熔断器的分类

低压熔断器按照结构形式的不同，可分为插入式、螺旋式、无填料密闭管式、有填料密闭管式、自复式等；按照分断电流范围的不同，可分为全范围分断能力和部分范围分断能力两类。全范围分断能力熔断器是在规定的条件下，能分断使熔体熔化的最小电流至额定分断能力之间的所有电流的一种限流熔断器。部分范围分断能力熔断器是在规定的条件下，只能分断从 4 倍额定电流至额定分断电流之间的任何电流的熔断器；按照使用类别的不同，可分为一般用途和保护电动机回路两类。

三、低压熔断器的型号及含义

低压熔断器型号的表示方法如下：

[1] [2] [3] — [4] / [5]

各部分代表的含义如下：

[1] 表示产品名称，用字母 R 表示低压熔断器。

[2] 表示结构形式：C—插入式，L—螺旋式，M—无填料密闭管式，T—有填料密闭管式，S—快速式，Z—自复式。

[3] 表示设计序号，以数字 1、2、3 等表示。

[4] 表示低压熔断器的额定电流，单位为 A。

[5] 表示熔体的额定电流，单位为 A。

教学单元 2　低压熔断器的工作原理和技术参数

一、低压熔断器的基本结构和工作原理

1. 基本结构

低压熔断器主要由熔体（也称金属熔件）、熔管、刀座等部分组成，如图 2-1 所示。有些低压熔断器内还装有特殊的灭弧物质，如产气纤维管、石英砂等，其作用是熄灭熔体熔断时形成的电弧。

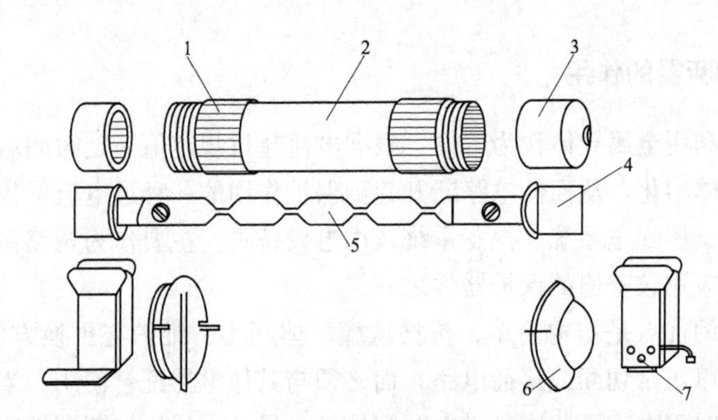

图 2-1　低压熔断器的结构

1—黄铜圈；2—熔管；3—黄铜帽；4—插刀；5—熔体；6—特种垫圈；7—刀座

(1) 熔体。熔体是低压熔断器的关键部件，熔体材料应具有熔点低、导电性能好、不易氧化和易于加工的特点，一般用铅、铅锡合金、锌、铜、银等金属材料。铅、铅锡合金与锌的熔点较低，分别为 320℃、200℃和 420℃，但导电性能差，所以用这些材料制成的熔体截面面积相当大，熔断时产生的金属蒸气太多，对灭弧不利，故仅用于 500V 及以下的低压电器中；铜和银导电性能好，但主要缺点是熔点高，分别为 1080℃和 960℃，可以制成截面面积较小的熔体。铜熔体广泛用于各种电压等级的熔断器中；银熔体的价格较贵，只用于小电流的高压熔断器中。

熔体的形状有片状和丝状两种，片状的熔体通常用于高熔点金属，是用薄金属片冲制而成，通常是变截面的，也有在带形薄片上冲出若干孔。当熔体通过的电流大于额定

值时，截面狭窄处先行熔断，从而使整个熔体变成几段掉落下来，造成极端串联短弧，有利于熄弧。片状熔体如图 2-2（a）所示，多用于大电流电路，熔体的形状不同可以改变熔断器的时间—电流特性；丝状熔体通常用于低熔点金属，是圆截面熔丝，多用于小电流电路，如图 2-2（b）所示。

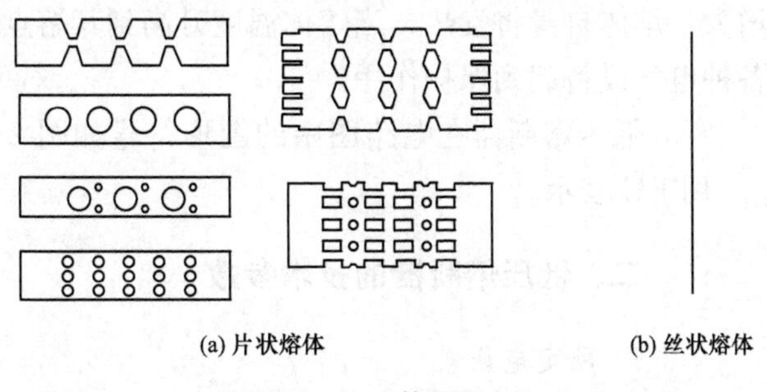

图 2-2　熔体的形状

（2）冶金效应。当低压熔断器长期通过略小于熔体熔断电流的过负荷电流时，熔体不能熔断而发热，而发热温度长期达 900℃以上，使低压熔断器其他部件损坏。为了克服上述缺点，可采用“冶金效应”来降低熔点，即在难熔的熔体上焊铅或锡的小球，当温度达到铅或锡的熔点时，难熔的金属与熔化了的铅或锡形成电阻大、熔点低的合金，结果熔体首先在小球处熔断，然后电弧使熔体全部熔化。具有冶金效应的熔体如图 2-3 所示。

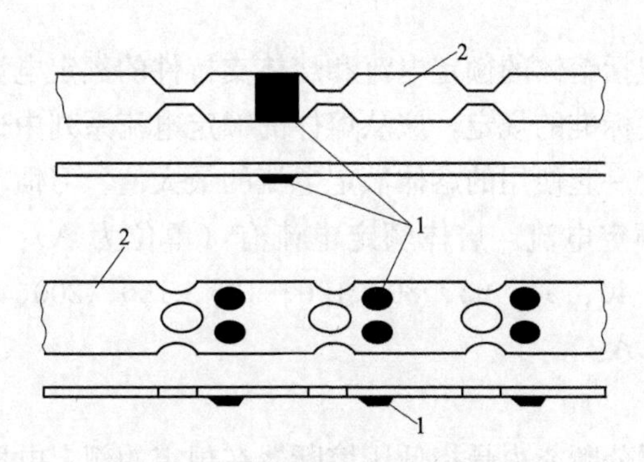

图 2-3　具有冶金效应的熔体

1—锡珠或锡桥；2—高熔点熔体

（3）熔管。熔管是熔体的保护外壳，一般由硬制纤维或瓷制绝缘材料制成，要求既便于安装熔体，又有利于熔体熔断时电弧的熄灭。

熔管的形状以方管形和圆管形为主，但熔管的内形腔均为圆形或近似圆形，以能在相同的几何尺寸下，有最大的容积，同时圆形的内腔能均匀承受电弧能量造成的压力，有利于提高熔断器的分断能力。

（4）填充材料。绝缘管中装入填充材料（也称填料），是加速电弧熄灭、提高熔断器分断能力的有效措施。要求填料的热导率高、热容量大，并且在高温作用下不产生气体。目前，常用的填料有石英砂、三氧化二铝砂。虽然三氧化二铝砂的性能优于石英砂，但由于石英砂的价格较便宜，目前多采用石英砂。填料形状最好是卵圆形且必须清洁，颗粒大小要适当，填装前必须去除杂质、清洗和干燥处理。

2. 工作原理

以金属导体作为熔体的低压熔断器，串联于电路中，当线路发生短路或过载时，线路电流通过熔体并增大，熔体自身将发热，当熔体温度升高到其熔点时，熔体熔断并分断电路，对系统、各种电气设备起到保护作用。

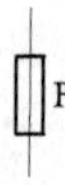

低压熔断器在电路图中的图形符号如图 2-4 所示，文字符号用 FU 表示。

FU

图 2-4 低压熔断器的符号

二、低压熔断器的技术参数

1. 额定电压

低压熔断器的额定电压指能够长期承受的正常工作电压，是由安装点的工作电压决定的，它必须大于或等于工作电压。

特别注意，熔断器的额定电压是其各个部件的额定电压的最低值。熔断器的交流额定电压等级有（单位为 V）：220、380、415、500、600、1140V；直流额定电压等级有（单位为 V）：110、220、440、800、1000、1500V。

2. 额定电流

低压熔断器的额定电流指允许通过的长期最大工作电流，是由安装点电流有效值来决定。

熔断器额定电流包括熔体的额定电流和熔体支持件的额定电流，熔体支持件的额定电流的大小，按照有关标准的规定，应从熔体的额定电流系列中选取，通常熔体支持件的额定电流代表了与它一起使用的熔体额定电流的最大值。习惯上，把熔体支持件的额定电流称为熔断器的额定电流。熔体额定电流有（单位为 A）：2、4、6、8、10、12、16、20、25、32、35、40、50、63、80、100、125、160、200、250、315、400、500、630、800、1000、1250A。

3. 极限分断能力

低压熔断器的极限分断能力是指低压熔断器在规定的额定电压和功率因数（或时间常数）条件下，能够分断的最大短路电流值。

4. 额定分断能力

低压熔断器的额定分断能力应大于线路可能出现的最大短路电流。

5. 保护特性

低压熔断器的断路时间决定于熔体的熔化时间和灭弧时间，断路时间也称熔断时间。熔断时间与通过低压熔断器使熔体熔断的电流之间的关系曲线，称为低压熔断器的保护特性曲线，也称为安秒特性曲线，如图 2-5 所示。低压熔断器的熔断时间与通过的电流和熔体熔点的高低具有反时限的特性。从保护特性曲线图上可以看出，低压熔断器的熔断时间随着电流的增大而减小，即低压熔断器通过的电流越大，熔断时间越短、熔体熔化越快。同一电流通过不同额定电流的熔体时，额定电流小的熔体先熔断。例如，

当通过短路电流 I_{k1} 时，$t_1<t_2$，熔体 1 先熔断。当低压熔断器通过的电流小于最小熔断电流时，熔体不会熔断。

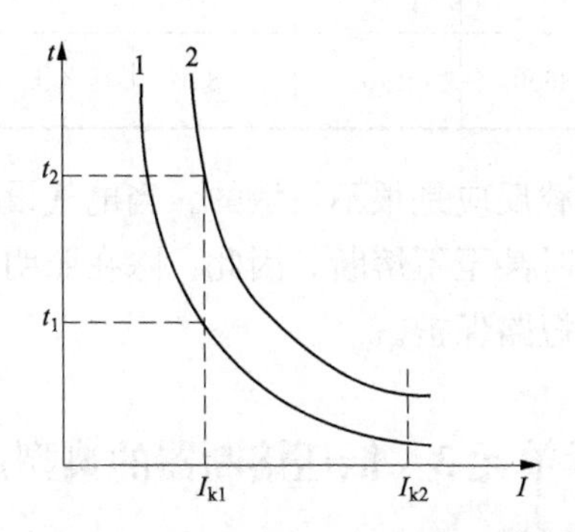

图 2-5　低压熔断器的保护特性曲线
1—熔体 1 的特性曲线；2—熔体 2 的特性曲线

每一种规格的熔体都有一条保护特性曲线，由制造厂家给出，它是低压熔断器的重要特性之一。

当电网中有几级低压熔断器串联使用，分别保护电路中设备时，当某一设备发生短路或过负荷故障时，应当由保护该设备（离该设备最近）的低压熔断器熔断，切断电路，即为选择性熔断。图 2-6 中，当 k 点发生短路时，FU1 应该先熔断，FU2 不应该熔断。如果保护该设备的低压熔断器不熔断，而由上级低压熔断器熔断，即为非选择性熔断，这样会扩大停电范围，造成不应有的损失。

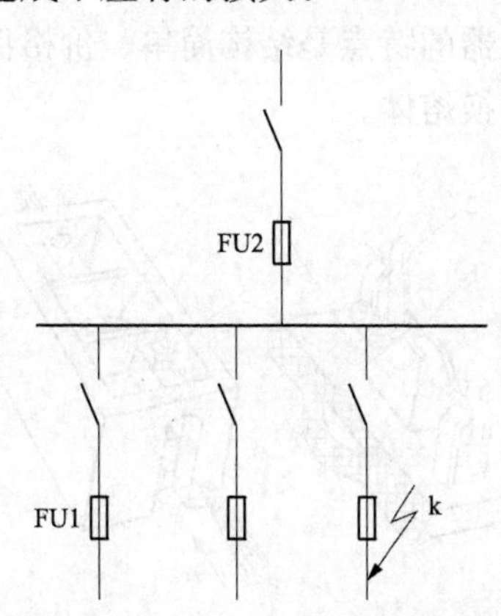

图 2-6　低压配电电路低压熔断器的配置

为了保证几级低压熔断器的选择性熔断，应根据它们的保护特性曲线检查熔断时间，并注意上下级低压熔断器之间的配合。通常情况下，如果上一级低压熔断器的熔断时间为下一级的 3 倍左右，就有可能保证选择性熔断。如果熔体为同一材料，上一级熔体的额定电流应为下一级的 2～4 倍。

低压熔断器的熔断电流与熔断时间的关系见表 2-1（表中 I_N为低压熔断器的额定电流）。

表 2-1　　低压熔断器的熔断电流与熔断时间的关系

熔断电流 I_s/A	$1.25I_N$	$1.6I_N$	$2.0I_N$	$2.5I_N$	$3.0I_N$	$4.0I_N$	$8.0I_N$	$10.0I_N$
熔断时间 t/s	∞	3600	40	8	4.5	2.5	1	0.4

可见，低压熔断器对过载反应是很不灵敏的。当电气设备轻度过载时，低压熔断器将持续很长时间才熔断，有时甚至不熔断。因此，除在照明电路中，低压熔断器一般不宜用作过载保护，主要用于短路保护。

教学单元 3　低压熔断器的典型产品

低压熔断器的品种较多，本节主要介绍几种常见的低压熔断器。

一、插入式低压熔断器

常用的插入式低压熔断器为 RC1A 系列，由瓷座、瓷盖、静触头、动触头和熔体等组成，动触头在瓷盖两端，熔体沿凸起部分跨接在两个动触头上。瓷座上有静触头和接线螺钉，中间空腔与瓷盖突出部分形成灭弧室，电流较大时灭弧室中垫石棉编织物，防止熔体熔断时，金属颗粒喷溅。

插入式低压熔断器的结构如图 2-7 所示，RC1A 系列主要应用于额定电压 380V、额定电流为5～200A 的低压线路末端或分支电路中，作为供配电系统中对导线、电气设备的短路保护电器。此低压熔断器的特点是结构简单、价格低廉、更换方便，使用时将瓷盖插入瓷座，拔下瓷盖便可更换熔体。

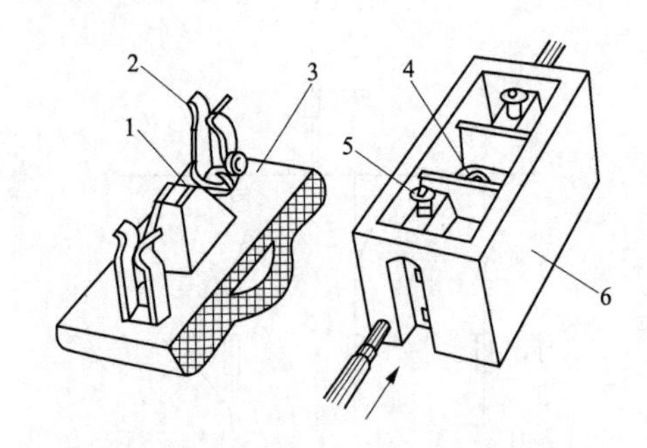

图 2-7　插入式低压熔断器的结构

1—熔体；2—动触头；3—瓷盖；4—空腔；5—静触头；6—瓷座

二、无填料密闭管式低压熔断器

常用的无填料密闭管式低压熔断器为 RM7 系列、RM10 系列。当熔断器的额定电流为 100A 以下的，采用圆筒帽形结构；当熔断器的额定电流为 100A 及以上的，采用刀形触头结构。

当短路电流通过熔体时，首先在狭窄处熔断，熔管内壁在电弧的高温作用下，分解出大量气体，使管内压力迅速增大，很快将电弧熄灭。

无填料密闭管式低压熔断器的结构如图 2-8 所示，RM10 系列主要应用于交流额定电压 380V 及以下、直流 440V 及以下、电流 600A 以下，经常发生过载和短路故障的电路中，作为低压电力线路或者成套配电装置的保护电器。此低压熔断器的特点是熔管由钢化纤维制成管内无填料，熔体熔断时，电弧在管内不会向外喷出。两端为黄铜制成的可拆式管帽，管内熔体为变截面的熔片，更换熔体较方便。其额定电流 6～1000A，额定分断能力 1.2～12kA。

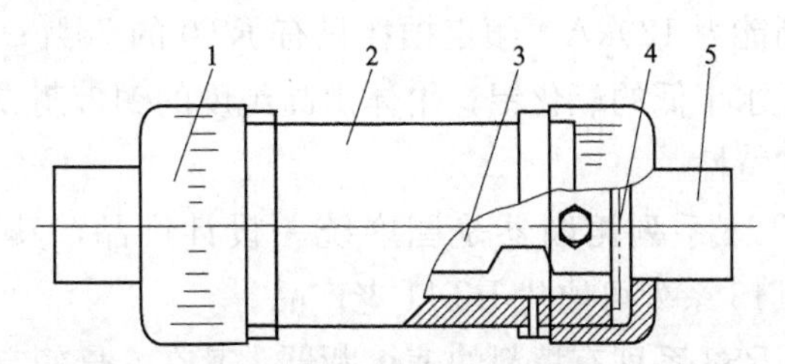

图 2-8　无填料密闭管式低压熔断器的结构

1—管帽；2—绝缘管；3—熔体；4—垫片；5—接触刀

三、有填料密闭管式低压熔断器

有填料密闭管式低压熔断器如图 2-9 所示，RT0 系列用于交流 380V 及以下、短路电流较大的电力输配电系统中，作为线路及电气设备的保护电器。它是在熔管内添加灭弧介质的一种密闭式管状低压熔断器，石英砂是目前广泛使用的灭弧介质，其具有热稳定性好、熔点高、热导率高、化学惰性大和价格低廉等优点。熔管包括管体、熔体、指示器、触刀、盖板等，管体采用的陶瓷具有较高的机械强度和耐热性能，管内装有工作熔体和指示器熔体。熔断指示器是一个机械信号装置，指示器上装有与熔体并联的铜丝。当电路短路时，熔体熔断后，电流转移至铜丝上迅速熔断，指示器在弹簧作用下立即向外弹出，显示红色信号，表示熔体熔断。熔体通常由薄紫铜片冲制成变截面形状，中间部分用锡桥连接，装配时一般将熔片围成笼状，以增大熔体和石英砂的接触面积，从而提高熔断器的分断能力，又使管体受热均匀而不容易断裂。

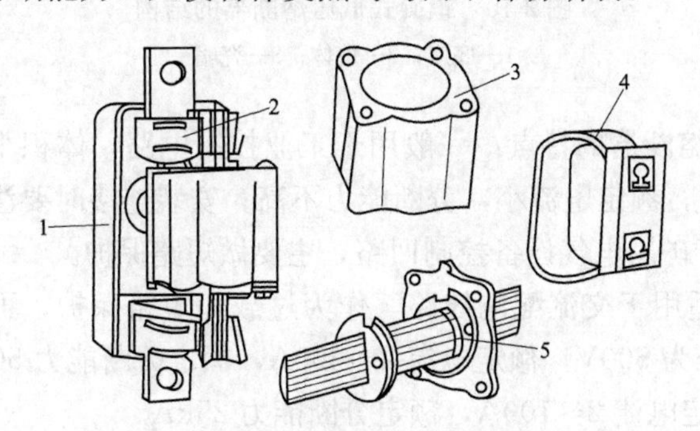

图 2-9　有填料密闭管式低压熔断器的结构

1—瓷座底；2—弹簧片；3—熔管；4—绝缘手柄；5—熔体

常用的RT0、RT16（17）系列为刀形触头结构；RT14系列为圆筒帽形结构；RT12、RT15系列为螺栓连接结构。

RT0一般用于工业中，使用安全；具有良好的过载保护、反时限特性和短路保护特性；有指示器，便于识别故障电路；额定分断能力高于无填料密闭管式；经济性较差；额定电流5～1000A，额定分断能力25～50kA。

RT15系列熔断器内部结构与RT0相似，额定分断能力高达80～100kA。

RT16系列熔断器引进德国，具有高分断能力、低损耗；额定电压660V，额定电流4～630A，额定分断能力120kA，额定损耗只有RT0的70%；绝缘管采用机械强度高、抗热抗振性好、吸水率低的氧化铝；熔体由高纯度的铜带制成，变截面有锡桥，多断口，改善了过载保护特性。

RT12、RT14、RT15系列熔断器是国内统一设计产品，其中RT12系列可取代RT10系列老产品，RT15系列可取代RT11老产品。

此外，还有RS0、RS3系列有填料快速熔断器，其在6倍额定电流时，熔断时间不大于20ms，并且熔断时间短、动作迅速。主要用于半导体硅整流元件的过电流保护。

四、螺旋式低压熔断器

螺旋式低压熔断器的结构如图2-10所示，RL1系列主要应用于交流电压380V、电流强度200A以内的线路和用电设备中。此结构的特点是熔管内装有石英砂、熔体和带小红点的熔断指示器，当熔体熔断后，熔断指示器便弹出，透过瓷帽上的玻璃可看到内部情况。熔体与瓷帽用弹性零件连成一体，熔体熔断后，只要旋开瓷帽，取出已经熔断的熔体，再装上相同规格的熔体，然后旋入底座内即可正常使用，操作安全方便。

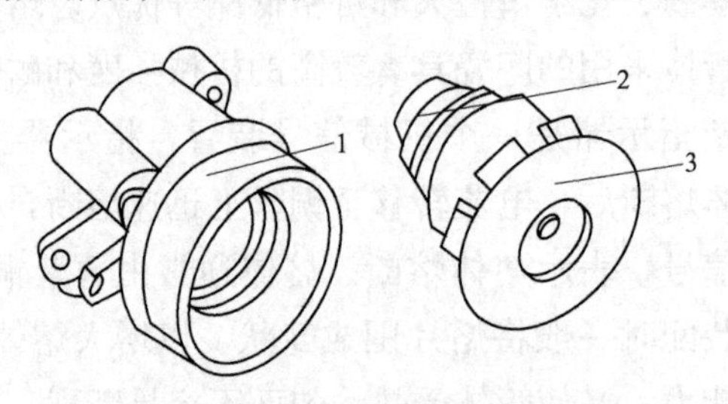

图2-10　螺旋式低压熔断器的结构

1—底座；2—熔体；3—瓷帽

RL系列螺旋式熔断器的特点：一般用于工业控制电路，体积小、带有指示器；熔体是细铜丝或铜薄片；额定电流小，分断能力不高；安装连接时要注意进出接线方式。

RL5系列适用于矿用电气设备控制回路，主要做短路保护。

RL6（7）系列适用于交流配电线路，作为过载和短路保护，可取代RL1老系列。RL6系列的额定电压为500V，额定电流2～200A，额定分断能力50kA；RL7系列的额定电压为660V，额定电流2～100A，额定分断能力25kA。

RL8系列适用于交流50Hz的电路中，主要作电缆导线等低压配电系统中线路的过载和短路保护。

五、自复式低压熔断器

自复式低压熔断器属于限流电器，如图 2-11 所示，主要用于交流 380V 的电路中，通常与断路器配合使用。自复式低压熔断器采用金属钠作为熔体，在常温下它具有高电导率。当电路发生短路故障时，短路电流产生的高温会使金属钠在短时间内迅速气化而蒸发，气态钠的阻值剧增，即瞬间呈现高阻状态，从而限制了短路电流的增加。当故障消失后，温度下降，金属钠蒸气冷却并凝结，自动恢复至原来的导电状态。

可见，与其说自复式低压熔断器是一种熔断器，还不如说它是一个非线性电阻。因为它熔而不断，不能真正分断电路，但是它具有限流作用显著、动作后不需要更换熔体、可重复使用等优点。

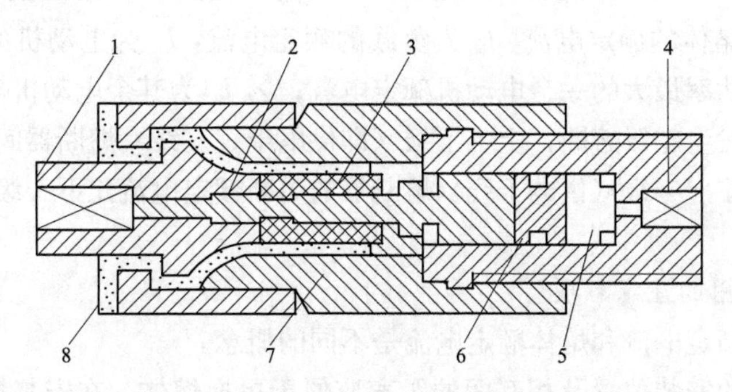

图 2-11　自复式低压熔断器的结构原理图

1、3—端子；2—熔体；4—绝缘子；5—氮气；6—活塞；7—钢套；8—填充剂

目前我国生产的自复式熔断器有 RZ 系列产品。

教学单元 4　低压熔断器的选用与维护检修

一、低压熔断器的选用

熔断器的选用原则是，设备正常工作（设备启动）时不熔断，当通过大电流和短路电流时熔断。

1. 低压熔断器类型的选用

选择熔断器类型时，主要依据负载的保护特性和短路电流的大小。对于小容量的照明线路和电动机，熔断器主要是过电流保护，希望熔体融化系数（指熔体额定电流与最小熔化电流之比）适当小些，应采用铅锡合金的熔丝或者 RC1A 系列；对大容量的照明线路和电动机熔断器主要是过电流保护，还要考虑短路时的分断短路电流能力。当短路电流小时，采用 RC1A 系列的铜质熔体或 RM10 系列的锌质熔体。当短路电流大时，采用有较高分断能力的 RL6 系列熔断器。当短路电流相当大时，采用更高分断能力的 RT12、RT14 系列熔断器。

2. 熔体额定电流的选用

（1）用于保护照明或电热设备的熔断器，因为负载电流比较稳定，所以熔体的额定电流应等于或稍大于负载的额定电流，即 $I_{re} \geqslant I_l$ 。

（2）用于保护单台长期工作电动机（即供电支线）的熔断器，考虑电动机启动时不应熔断，即 $I_{re} \geqslant (1.5\sim2.5) I_e$ 。轻载启动或启动时间比较短时，系数可以取 1.5，当带重载启动时间比较长时，系数取 2.5。

（3）用于保护频繁启动电动机（即供电支线）的熔断器，考虑频繁启动时发热，熔断器也不应熔断，即 $I_{re} \geqslant (3\sim3.5) I_e$ 。

（4）用于保护多台电动机（即供电干线）的熔断器，在出现尖峰电流时也不应熔断。通常，将其中功率最大的一台电动机启动，而其余电动机运行时出现的电流作为其尖峰电流，为此，熔体的额定电流应满足

$$I_{re} \geqslant (1.5\sim2.5) I_{emax} + \sum I_e$$

以上式中，I_{re} 为熔体的额定电流，I_l 为负载的额定电流，I_e 为电动机的额定电流，I_{emax} 为多台电动机中功率最大的一台电动机额定电流；$\sum I_e$ 为其余电动机额定电流之和。

（5）为防止发生越级熔断，上、下级（即供电干、支线）熔断器间应有良好的协调配合，为此，应使上一级（供电干线）熔断器的熔断额定电流比下一级（供电支线）大 1～2 个级差。

3. 熔断器选用的注意事项

（1）熔断器额定电流和熔体额定电流是不同的概念。

（2）熔断器的安装位置及相互间的距离应便于更换熔体。在安装螺旋式熔断器时，必须注意将电源接到瓷底座的下线端，以保证安全。

（3）熔断指示器应装在便于观察的一侧。在运行中应经常检查熔断器的指示器，以便及时发现电路运行情况。若发现瓷底座有沥青类物质流出，说明熔断器接触不良，温升过高，应及时处理。

例 1-1 某机床电动机的型号为 Y112M-4，额定功率为 4kW，额定电压为 380V，额定电流为 8.8A，该电动机正常工作时不需要频繁启动。若用熔断器为该电动机提供短路保护，试确定熔断器的型号规格。

解：用 RL1 系列螺旋式熔断器，选择熔体额定电流为

$$I_{re} = (1.5\sim2.5)\times8.8\approx13.2\sim22\text{A}$$

查表 2-2 得熔体额定电流为 $I_{re} = 20\text{A}$。

可选取 RL1-60/20 型熔断器，其额定电流为 60A，额定电压为 500V。

例 1-2 某三相异步电动机，额定电压为 380V，额定电流为 8.5A，试选择熔断器的型号。

解：选择无填料密闭管式熔断器

选择熔体额定电流

$$I_{re} = (1.5\sim2.5)\times8.5\approx12.7\sim21.2\text{A}$$

查表 2-2 得熔体额定电流为 $I_{re} = 25\text{A}$。

可选取 RM10-60/25 型熔断器。

表 2-2 常用低压熔断器的主要技术参数

类别	型号	额定电压（V）	额定电流（A）	熔体额定电流等级（A）	极限分断能力（kA）	功率因数
插入式熔断器	RC1A	380	5	2、5	0.25	0.8
			10	2、4、6、10	0.5	
			15	6、10、15		
			30	20、25、30	1.5	0.7
			60	40、50、60	3	0.6
			100	80、100		
			200	120、150、200		
螺旋式熔断器	RL1	500	15	2、4、6、10、15	2	≥0.3
			60	20、25、30、35、40、50、60	3.5	
			100	60、80、100	20	
			200	100、125、150、200	50	
	RL2	500	25	2、4、6、10、15、20、25	1	
			60	25、35、50、60	2	
			100	80、100	3.5	
无填料密闭管式熔断器	RM10	380	15	6、10、15	1.2	0.8
			60	15、20、25、35、45、60	3.5	0.7
			100	60、80、100	10	0.35
			200	100、125、160、200		
			350	200、225、260、300、350		
			600	350、430、500、600	12	0.35
有填料密闭管式熔断器	RT0	交流 380 直流 440	100	30、40、50、60、100	交流 50 直流 25	>0.3
			200	120、150、200、250		
			400	300、350、400、450		
			600	500、550、600		

二、低压熔断器的维护

（1）维护时，应保证熔体和插刀及插刀和刀座接触良好，以免熔体温度过高而误动作，同时还要注意不应使熔体受到机械损伤。

（2）安装必须可靠，以免有一相接触不良，出现相当于一相断路的情况，致使设备断相运行而烧毁。

（3）如果维护时发现熔体已损伤或熔断，应更换熔体，并注意使换上去的新熔体的规格与换下来的熔体规格一致，保证动作的可靠。

（4）更换熔体或熔管必须在不带电的情况下进行。

（5）低压熔断器的连接线材料和截面积以及它的温升均应符合规定，不得随意改变，以免发生误动作。

（6）低压熔断器上积有灰尘，应及时清除。对于有动作指示器的低压熔断器，还应经常检查，发现低压熔断器已动作，应及时更换。

三、低压熔断器的检修

（1）各零部件完整无损伤，安装牢固，无松动、变形现象。

（2）熔管无吸潮、膨胀、弯曲和烧灼现象。瓷件或硅胶体无破损、开裂、闪络击穿迹象。

（3）操动机构动作灵活可靠，接触紧密，触头无过热、烧伤痕迹。

（4）低压熔断器相间距离不小于 350mm。

（5）低压熔断器熔体容量应与设备容量相匹配。

四、低压熔断器的常见故障及处理方法

低压熔断器的常见故障、故障原因及处理方法见表 2-3。

表 2-3　　低压熔断器的常见故障、故障原因及处理方法

故障现象	故障原因	处理方法
电路接通瞬间熔体熔断	1. 熔体电流等级选择过小； 2. 负载侧短路或接地； 3. 熔体安装时受机械损伤	1. 更换熔体； 2. 排除负载故障； 3. 更换熔体
熔体未熔断，但电路不通	熔体或接线座接触不良	重新连接

技能训练　低压熔断器的识别

一、实训目的

（1）熟悉常用低压熔断器的类型与结构。

（2）清楚常用低压熔断器的适用场合与选用方法。

（3）会拆装常用低压熔断器并掌握维护方法。

二、实训器材

实训器材见表 2-4。

表 2-4　　实 训 器 材

序号	名称	型号规格	数量
1	万用表	DT-9979	1块
2	兆欧表	ZC-7　500V	1块
3	常用电工工具		1套
4	低压熔断器	RC、RL、RM、RT、RS、RZ	各2个

三、实训内容

(1) 按表 2-5 完成相应的任务。

表 2-5 低压熔断器识别的任务及操作要点

序号	任务	操作要点
1	识读低压熔断器型号	低压熔断器的型号标注在瓷座的铭牌上或瓷帽上方
2	识别上、下接线柱	上接线柱（高端）为出线端子，下接线柱（低端）为进线端子
3	识别熔体好坏	从瓷帽玻璃往里看，熔体有色标表示熔体正常，无色标表示熔体已断路
4	识读熔体额定电流	熔体额定电流标注在熔体表面

(2) 试写出图 2-12 低压熔断器的型号和参数。

图 2-12 低压熔断器的型号和参数

(3) 用万用表检测低压熔断器及熔体质量

将万用表置于 $R\times1\Omega$ 挡，欧姆调零后，将两表笔分别搭接在低压熔断器的上、下接线柱上，若阻值为 0，说明低压熔断器正常；若阻值为∞，说明低压熔断器已断路，应检查熔体是否断路或瓷帽是否旋好等。

思考与练习题

2-1 低压熔断器在电路中的作用是什么？它由哪些部件组成？

2-2 低压熔断器是控制电器吗？

2-3 低压熔断器的型号是如何表示的？

2-4 低压熔断器的熔体材料有哪些？

2-5 什么是冶金效应？

2-6 低压熔断器的图形符号和文字符号分别用什么表示？

2-7 低压熔断器有哪些主要参数？熔断器的额定电流和熔体的额定电流是一样的吗？

2-8 低压熔断器的保护特性曲线有何意义？

2-9　什么是低压熔断器的选择性熔断？

2-10　螺旋式低压熔断器与插入式低压熔断器有何异同？

2-11　自复式低压熔断器的工作原理是什么？

2-12　低压熔断器的选用原则有哪些？

2-13　低压熔断器的维护内容有哪些？

2-14　低压熔断器常见故障有哪些？

2-15　教室包含 40W 日光灯 20 支、250W 投影仪 1 个、500W 风扇 10 个、350W 电脑一台，应该选多大的熔断器？

2-16　为自己家选一款合适的熔断器，主要包括：空调 2000W、热水器 2000W、电饭锅 750W、洗衣机 200W。

模块 3 接 触 器

知识点

1. 熟悉接触器的工作原理、结构及技术参数；
2. 掌握接触器的用途、分类方法和典型产品。

技能点

1. 能正确安装和使用接触器；
2. 具有接触器维护检修和故障处理的能力。

教学单元 1 接触器的认知

一、接触器的作用

接触器是一种用于远距离频繁接通和断开电力拖动主回路及其他大容量用电回路的自动控制电器，另外还具有零压保护、欠电压释放保护等作用。接触器工作可靠，是自动控制系统中应用最广泛的电器。

图 3-1（a）、（b）分别为交流接触器的外形和结构，图中接触器的动触头固定在动铁心（衔铁）上，静触头则固定在壳体上。正常时电磁线圈未通电，接触器所处的状态称为常态。常态时互相分开的触头，称为常开触头；而互相闭合的触头，称为常闭触头。接触器共有三对常开主触头和两对常开、两对常闭的辅助触头。主触头的额定电流较大（数安到数百安），用来接通和分断大电流的主电路。辅助触头的额定电流较小（5～10A），用来接通和分断小电流的控制回路。接触器在电路图中的图形符号如图 3-1（c）所示，文字符号用 KM 表示。

二、接触器的工作原理

接触器的电磁线圈通电后产生磁场，使静铁心产生足够的吸力，克服反作用弹簧与动触头压力弹簧片的反作用力，将衔铁吸合，使动触头和静触头的状态发生改变，其中三对常开主触头闭合，常闭辅助触头断开，接着常开辅助触头闭合。当电磁线圈断电后，由于铁心电磁吸力消失，衔铁在反作用弹簧作用下释放，各触头也随之恢复原始状态，因此可以把接触器理解为一个由电磁铁控制的多触头开关。通常，在无特殊说明的

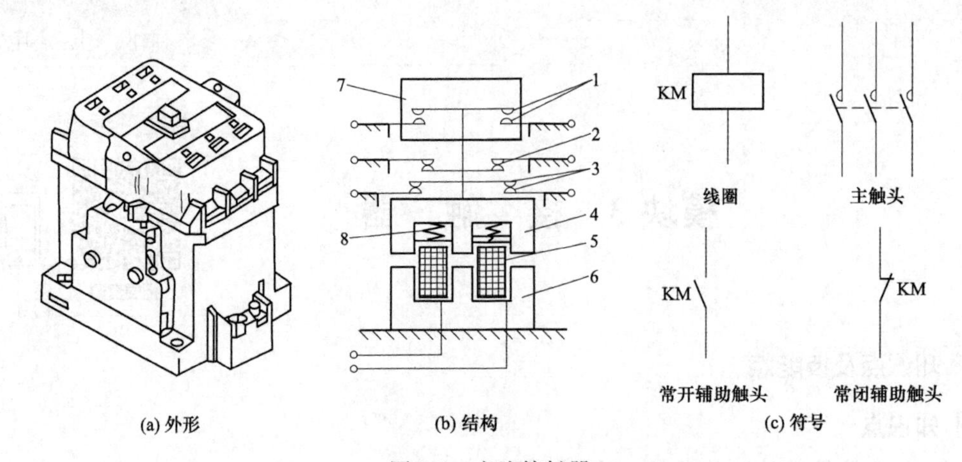

图 3-1　交流接触器

1—主触头；2—常闭辅助触头；3—常开辅助触头；4—衔铁；
5—电磁线圈；6—静铁心；7—灭弧罩；8—弹簧

情况下，有触头电器的触头动作顺序均为“先断后合”。

接触器的电路可以分为两部分：第一部分为主触头和负载串联，属于主电路；第二部分是电磁线圈，与开关或辅助触头相串联，属于控制电路。可见，随着控制电路的接通和分断，主电路也相应地动作，从而频繁地控制电路的接通和断开。

20A 以上的交流接触器，通常装有灭弧罩，用来熄灭主触头分断时所产生的电弧，以免烧坏触头造成相间短路。

三、接触器的分类

接触器的分类方法有很多种，具体如下

(1) 按主触头所控制的电路的种类分，接触器有直流和交流两类。这是最常见和最主要的分类方法。

(2) 按主触头极数分，接触器有单极、双极、三极、多极四类。

(3) 按主触头的正常位置分，接触器有常开、常闭、一部分常开、一部分常闭四类。

(4) 按电磁线圈种类分，接触器有交流励磁和直流励磁两类。

(5) 按灭弧介质分，接触器有空气式和真空式两类。

(6) 按有无灭弧室分，接触器有安装灭弧室和不安装灭弧室两类。

四、接触器的型号及含义

(1) 交流接触器的型号表示方法如下：

[1][2][3]—[4][5]/[6]

各部分代表的含义如下：

[1] 表示产品名称，用字母 CJ 表示交流接触器。

[2] 表示设计序号，以数字 1、2、3 等表示。

[3] 表示特殊作用，Z—重任务，X—消弧，B—栅片去游离灭弧，T—改型后的。

[4] 表示额定电流，单位 A。

[5] 表示设备型号，A、B—改型产品，Z—直流线圈，S—带锁扣。

[6] 表示极数，以数字表示，三极产品不注明数字。

(2) 直流接触器的型号表示方法如下：

[1][2]—[3][4]/[5][6]

各部分代表的含义如下：

[1] 表示产品名称，用字母 CZ 表示直流接触器。

[2] 表示设计序号，以数字 1、2、3 表示。

[3] 表示额定电流，单位为 A。

[4] 表示辅助触头情况，C—不带辅助触头，D—带辅助触头。

[5] 表示常开主触头数量。

[6] 表示常闭主触头数量。

例如，CJ12T-250，该型号的意义为 CJ12T 系列交流接触器，额定电流 250A，主触头三极。

我国生产的交流接触器常用的有 CJ0、CJ1、CJ10、CJ12、CJ20 等系列产品，直流接触器常用的有 CZ1、CZ3 等系列和新产品 CZ0 系列。

五、接触器的主要技术参数

1. 额定电压

接触器铭牌上的额定电压是指主触头上的额定工作电压，其等级如下：

直流接触器：220V、440V、660V。

交流接触器：220V、380V、500V、660V、1140V。

2. 额定电流

接触器铭牌上的额定电流是指在规定工作条件下主触头上的额定工作电流，其等级如下：

直流接触器：25A、40A、60A、100A、150A、250A、400A、600A。

交流接触器：10A、15A、25A、40A、60A、100A、150A、250A、400A、600A。

3. 线圈的额定电压

接触器线圈的额定电压是指在正常工作时加在线圈两端的工作电压，该电压数值以及线圈的匝数、线径等数据均标于线包上，不标于接触器铭牌上。其等级如下：

直流线圈：25V、48V、220V。

交流线圈：36V、127V、220V、380V。

4. 动作值

动作值是指接触器的吸合电压与释放电压。部颁标准规定接触器在额定电压 85% 以上时，应可靠吸合。释放电压不高于线圈额定电压的 70%，交流接触器不低于线圈额定电压的10%，直流接触器不低于线圈额定电压的5%。

5. 接通与分断能力

接通与分断能力是指接触器的主触头在规定的条件下能可靠地接通和分断的电流值，而不应发生熔焊、飞弧和过分磨损等。

6. 操作频率

操作频率是指接触器在每小时内可能实现的最高操作循环次数，它对接触器的电寿命、灭弧罩的工作条件和电磁线圈的温升有直接的影响。交流接触器最高为600次/h，直流接触器可达1200次/h。

7. 机械寿命和电寿命

接触器是频繁操作电器，应有较长的机械寿命和电气寿命，目前有些接触器的机械寿命已达一千万次以上，电气寿命是机械寿命的5%～20%。

8. 工作制

接触器的工作制有四种：长期工作制、间断长期工作制、短时工作制及反复短时工作制。

六、接触器的选用原则

(1) 根据电路中负载电流的种类选择接触器的类型。

(2) 接触器的额定电压应大于或等于负载回路的额定电压。

(3) 电磁线圈的额定电压应与所接控制电路的额定电压等级一致。

(4) 接触器额定电流应大于或等于被控主回路的额定电流。

教学单元2　接触器的结构

接触器的结构主要包括电磁机构、触头系统、灭弧装置等部分。从设计的角度看，对接触器电磁机构的主要要求是：电磁铁的吸力特性与接触器反力特性配合良好，闭合时碰撞冲击力小，能可靠地吸合与释放；触头使用的材料应具有导电、导热、耐腐蚀、抗熔焊性能良好；触头的温升低、电寿命高，足够的承受短时耐受电流的能力；灭弧装置的灭弧性能好，分断电流时的燃弧时间短，过电压低，喷弧距离小。下面对接触器的结构形式及特点加以分析。

一、电磁机构

电磁机构是电磁式控制电器的重要组成部分之一。电磁机构由电磁线圈、静铁心、衔铁、极靴、铁轭和空气隙等组成。电磁机构中的线圈、静铁心在工作状态下是不动的，衔铁则是可动的。电磁机构通过衔铁与相应的机械机构的动作状态和动作过程相联系，将电磁线圈产生的电磁能量转换为机械能量，来带动触头使之闭合或者断开，以实现对被控电路的控制目的。交流接触器的线圈中通过交流电，产生交变的磁通，并在铁心中产生磁滞损耗和涡流损耗，使铁心发热。为了减少交变的磁场在铁心中产生的损耗，交流接触器的铁心用相互绝缘的硅钢片叠压铆成，避免铁心过热。

电磁机构按衔铁的动作方式分为三类：图 3-2（a）所示的衔铁直线运动的直动式电磁机构，它多用于额定电流为 40A 及以下的交流接触器；图 3-2（b）所示的衔铁绕轴转动的拍合式电磁机构，它多用于额定电流为 60A 及以下的交流接触器；图 3-2（c）所示的衔铁绕棱角转动的拍合式电磁机构，它用于直流接触器。

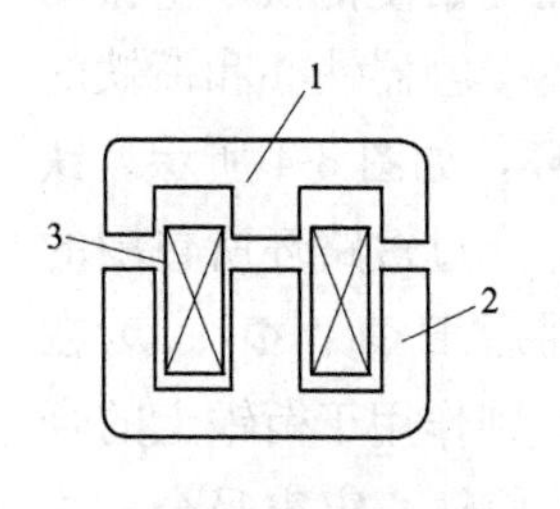

(a) 直动式电磁机构

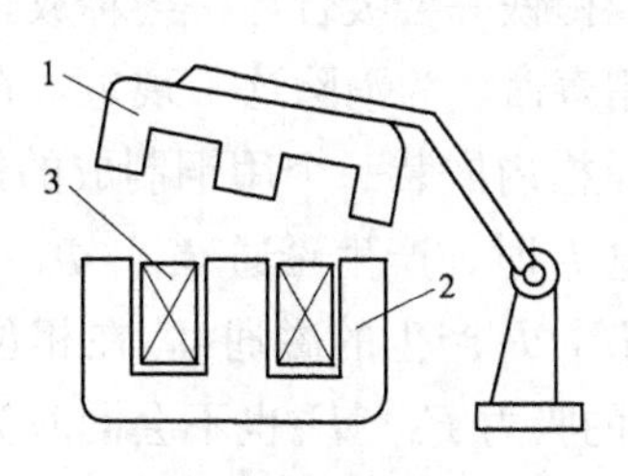

(b) 衔铁绕轴转动的拍合式电磁机构

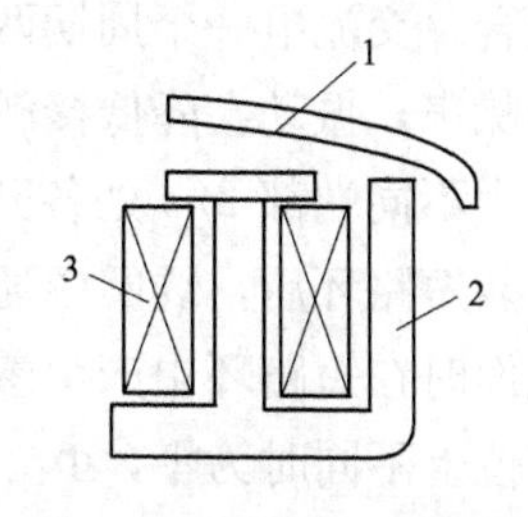

(c) 衔铁绕棱角转动的拍合式电磁机构

图 3-2 电磁机构

1—衔铁；2—铁心；3—电磁线圈

接触器的电磁机构在使用过程中应注意以下几点：

（1）电磁铁的吸力特性应与接触器的反力特性合理的配合，这样可在保证动作可靠的前提下，铁心与衔铁的碰撞能量为最小。作用在衔铁上的力有两个，即电磁吸力与反力，其中电磁吸力由电磁机构产生，反力则由释放弹簧和触头弹簧所产生。电磁机构的工作情况常用吸力特性和反力特性来表示，如图 3-3 所示。图中，F 指的是衔铁上的作用力，δ 指电磁机构的气隙。一般来说，在衔铁释放时，吸力必须始终小于反力，即吸力特性处于反力特性的下方。在衔铁吸合时，吸力必须始终大于反力，即吸力特性处于反力特性的上方。在吸合过程中还需注意吸力特性位于反力特性上方不能太高，否则会影响电磁机构的寿命。

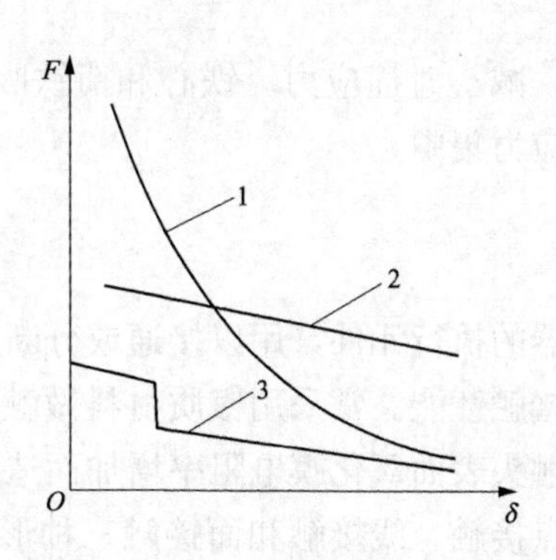

图 3-3 吸力特性与反力特性的配合

1—直流电磁铁吸力特性；2—交流电磁铁吸力特性；3—反力特性

（2）采用缓冲装置，即用硅橡胶、塑料及弹簧等制成缓冲件，放置在电磁铁的衔铁、静铁心和线圈等零件的下面或上面，以吸收衔铁运动时的动能，减小衔铁及静铁心与停档的撞击力，减轻触头的二次振动。

(3) 为了减少交流接触器吸合时产生的振动和噪声，一般在铁心上装有短路环。其工作原理：当线圈中通入交变电流，铁心中产生交变的磁通，因此铁心与衔铁之间的吸力也是变化的。当交流电过零点时，磁通为零，电磁吸力也为零，吸合后的衔铁在弹簧反力的作用下释放。由于电流过零后，电磁吸力增大，当电磁吸力大于反力时，衔铁又吸合。交流电一个周期两次过零，衔铁一会吸合，一会释放，周而复始使衔铁产生振动和噪声，振动会降低接触器的使用寿命。为消除这一现象，在交流接触器铁心和衔铁的两个不同端部2/3处各开一个槽，槽内嵌装一个用铜制成的短路环，如图3-4所示。铁心装短路环后，线圈中通入交流电I_1时，产生磁通Φ_1，Φ_1一部分穿过短路环所包围的截面时在短路环中产生感应电流I_2，I_2产生的磁通Φ_2在相位上滞后于Φ_1。Φ_1、Φ_2在相位上不同时为零，Φ_1、Φ_2产生的吸力F_1、F_2也不会同时为零，则作用于衔铁上的合力F_1+F_2大于零。这就保证了铁心和衔铁在任何时刻都有吸力，使铁心牢牢吸合，这样就消除了振动和噪声，衔铁就不会产生机械振动现象。

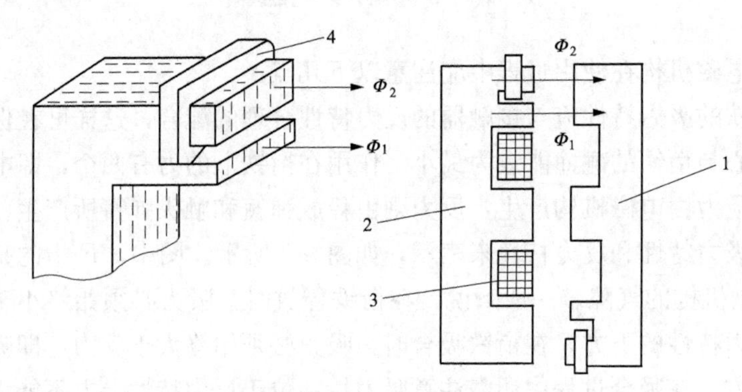

图3-4　交流电磁铁上的短路环

1—衔铁；2—静铁心；3—线圈；4—短路环

(4) 适当增大铁心极面，减小碰撞应力。铁心和衔铁吸合时应能自动调整吸合面，避免棱角与面的碰撞引起的应力集中。

二、触头系统

接触器触头系统是接触器的执行元件，用以接通或分断所控制的电路，要求触头必须工作可靠，且具有良好的接触性能。常采用银质材料做触头，这是因为银的氧化膜电阻率与纯银相似，可以避免触头表面氧化膜电阻率增加而造成接触不良。

触头按接触形式可分为点接触、线接触和面接触三种形式，如图3-5所示。触头按其结构形式划分，有单断点指形触头和双断点桥式触头两类，如图3-6所示。无论指形触头还是桥式触头，都装有压力弹簧，以减小接触电阻，并避免由于触头接触不良而过热。

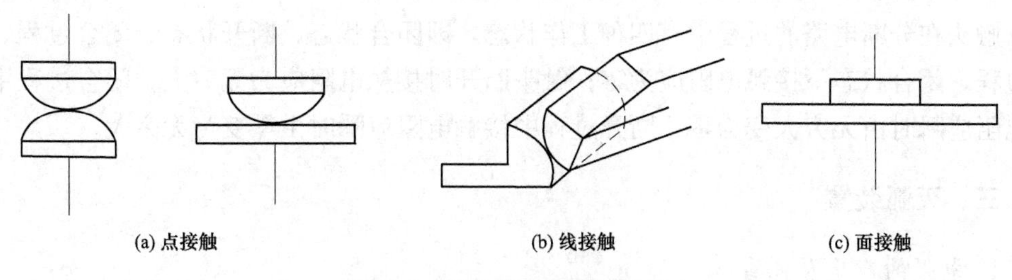

图 3-5 触头的三种接触形式

1. 单断点指形触头

单断点指形触头如图 3-6（a）所示，其优点如下：

（1）触头在通断过程中有滚滑运动，当开始接触时，动触头和静触头在 A 点接触，靠弹簧压力经 B 滚动到 C 点。断开时相反，这样可以自动清除表面的氧化膜，保证了可靠接触；同时，长期工作位置不是在烧灼的 A 点而是 C 点，也保证了触头的良好接触。

（2）触头接触压力大，电动稳定性高。

（3）触头压力弹簧易于调节。

其缺点如下：

（1）仅一个断口，熄弧困难。

（2）触头闭合时冲击能量大，有软连接，不利于机械寿命的提高。

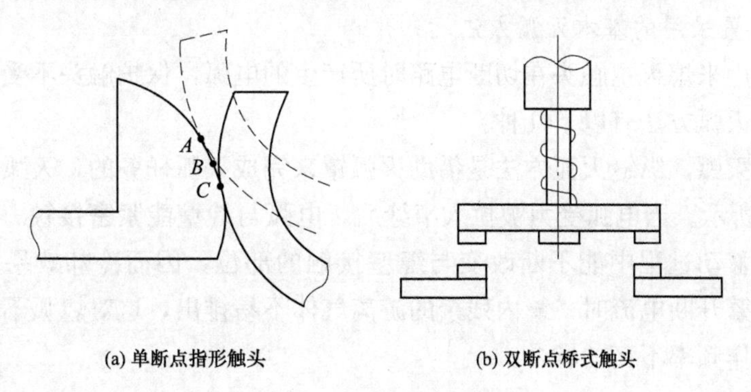

图 3-6 触头的结构形式

2. 双断点桥式触头

双断点桥式触头如图 3-6（b）所示，其优点如下：

（1）两个灭弧区域，灭弧效果好。

（2）触头开距小，接触器结构紧凑，体积小。

（3）触头闭合时冲击能量小，无软连接，有利于提高机械寿命。

其缺点如下：

（1）触头通断时不能自动净化其表面。

（2）触头接触压力小，电动稳定性比较低。

（3）触头参数（如弹簧压力）等不易调节。

触头在分断电路的过程中有四种工作状态，即闭合状态、断开状态、闭合过程、断开过程。闭合状态下接触电阻应为零；触头断开时接触电阻应为无穷大；闭合过程中接触电阻应瞬时由无穷大变为零；断开过程中接触电阻应瞬时由零变为无穷大。

三、灭弧装置

1. 电弧的产生及危害

在大气中开断电路时，如果电源电压为12～20V，被开断的电流为0.25～1A，在触头间隙（弧隙）中会产生一团温度极高、发出强光并能导电的近似于圆柱形的气体，称为电弧。电弧是电气设备开断过程中不可避免的现象。当电气设备的触头间产生电弧时，会对系统和电气设备造成危害，主要危害有：

（1）电弧的存在延长了电气设备开断故障电路的时间，加重了系统短路故障的危害。

（2）电弧产生的高温将使触头表面熔化和气化，烧坏绝缘材料。对充油电气设备还可能引起着火、爆炸等危险。

（3）电弧在电动力、热力作用下能移动，很容易造成飞弧短路和伤人或引起事故的扩大。

电弧存在时，尽管电气设备触头断开，但电路中仍有电流流通。只有当电弧熄灭后，电路中才无电流通过而真正断开。

2. 灭弧装置采用的基本灭弧方法

灭弧装置用来熄灭主触头在切断电路时所产生的电弧，保护触头不受电弧灼伤。接触器中常用的灭弧方法有以下几种。

（1）纵缝灭弧。纵缝灭弧方法是借助灭弧罩来完成灭弧任务的，灭弧罩制成纵向窄缝，如图3-7所示。当电弧受力被拉入窄缝后，电弧与缝壁能紧密接触。在继续受力情况下，电弧在移动过程中能不断改变与缝壁接触的部位，因而冷却效果好，对熄弧有利。但是在频繁开断电流时，缝内残余的游离气体不易排出，这对熄弧不利，所以这种方法适用于操作频率不高的场合。

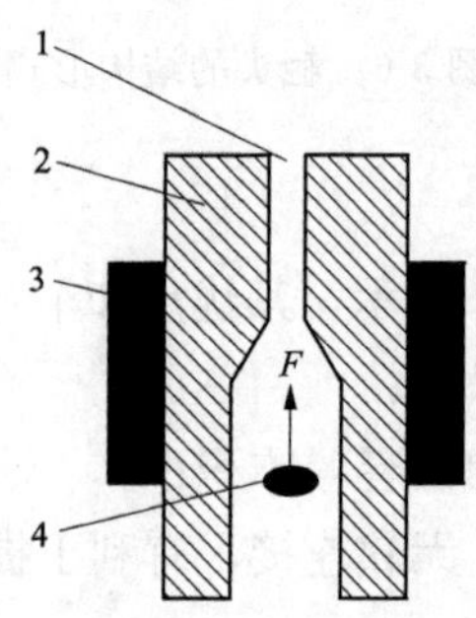

图3-7 纵缝灭弧原理图

1—纵缝；2—缝壁；3—磁性夹板；4—电弧

（2）电动力灭弧。电动力灭弧原理如图 3-8 所示，利用触头断开时本身的电动力把电弧拉长，以扩大电弧散热面积。电弧在拉长过程中，与灭弧罩相接触，将热量传递给灭弧罩，促使电弧迅速熄灭。

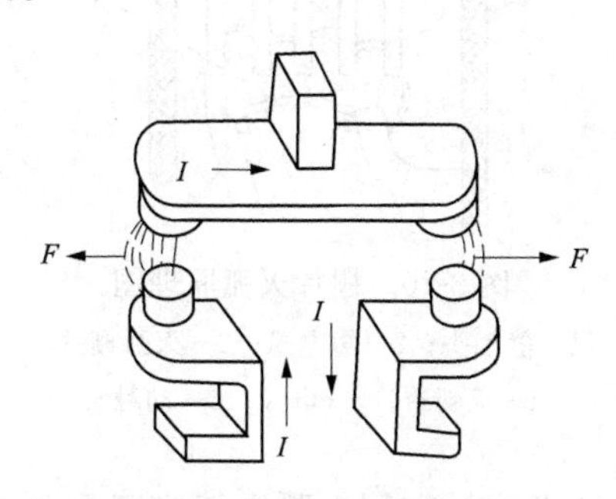

图 3-8 电动力灭弧原理图

（3）双断点桥式灭弧。图 3-9 所示为双断点桥式灭弧原理图，触头分断时，在断口中产生电弧，流过两电弧的电流 I 方向相反，电弧受到互相排斥的磁场力 F，在 F 的作用下，电弧向外运动并被拉长，电弧迅速进入冷却介质，有利于电弧的熄灭。在交流接触器中常采用双断点桥式灭弧，这种方法灭弧效果较弱，一般用于小功率交流接触器。

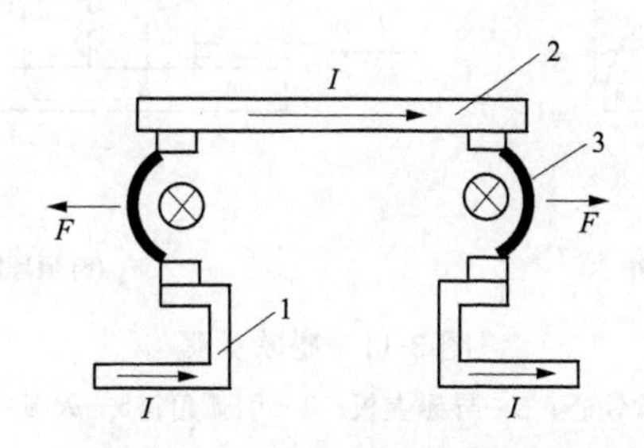

图 3-9 双断点桥式灭弧原理图

1—静触头；2—动触头；3—电弧

（4）栅片灭弧。栅片灭弧要借助灭弧罩完成，这种用陶土或石棉水泥制成的绝缘、耐高温的灭弧罩，如图 3-10 所示。灭弧罩内装有镀铜薄铁片组成的灭弧栅片，各灭弧栅片之间相互绝缘。触头分断电路时产生电弧，电弧又产生磁场，灭弧栅片为导磁材料，它将电弧上部的磁通通过灭弧栅片形成闭合回路。由于电弧的磁通上部稀疏，下部稠密，这种下密上疏的磁场分布将对电弧产生由下至上的电磁力，将电弧推入灭弧栅片中，被灭弧栅片分割成几段串联的短电弧，这不仅使栅片之间的电弧电压低于燃弧电压，而且通过栅片吸收电弧热量，使电弧很快熄灭。由于栅片灭弧效应在交流时比直流时强得多，所以交流接触器常采用栅片灭弧。

（5）磁吹灭弧。磁吹灭弧原理如图 3-11 所示，将磁吹线圈与主电路串联，主电路的电流 I 流过磁吹线圈产生磁场，该磁场由导磁夹板引向触头周围。磁吹线圈产生的磁场与电弧电流产生的磁场相互作用，使电弧受到磁场力 F 的作用，电弧被拉长的同时

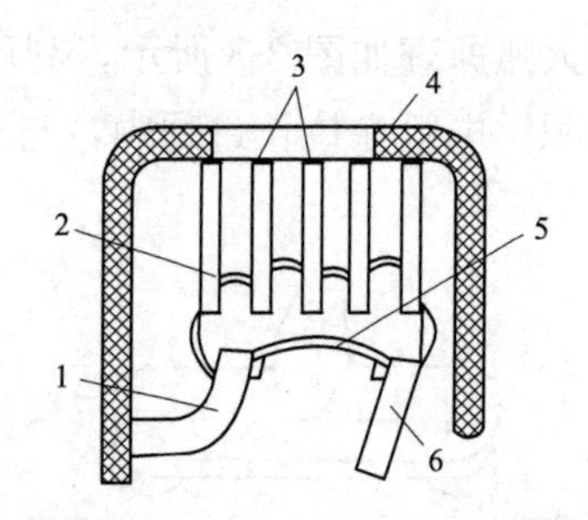

图 3-10　栅片灭弧原理图

1—静触头；2—短电弧；3—灭弧栅片；
4—灭弧罩；5—电弧；6—动触头

迅速冷却，使电弧熄灭。这种方法是利用电弧电流本身灭弧的，电弧电流越大，灭弧能力越强，广泛用于直流灭弧装置中。

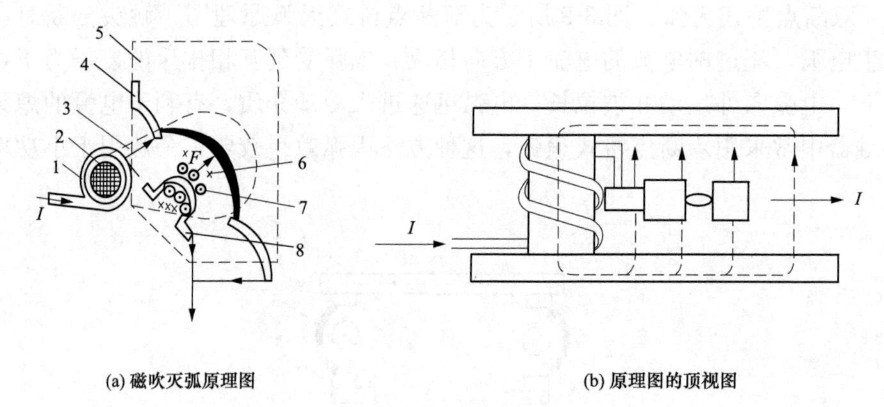

(a) 磁吹灭弧原理图　　(b) 原理图的顶视图

图 3-11　磁吹灭弧

1—磁吹线圈；2—磁吹铁心；3—导磁夹板；4—引弧角；5—灭弧罩；6—磁吹线圈磁场；
7—电弧电流磁场；8—动触头

四、辅助部件

接触器除了上述三个主要部件外，还有反作用弹簧、缓冲弹簧、触头压力弹簧、传动装置及底座、接线柱等。

教学单元 3　接触器的典型产品

一、交流接触器

交流接触器广泛用于系统中的通断和控制电路，它利用主触头来开闭电路，用辅助触头来执行控制指令；小型的接触器也经常作为中间继电器配合主电路使用。常用的交流接触器有 CJ10、CJ12 系列和 CJ20 系列。

1. CJ10 系列交流接触器

CJ10 系列交流接触器适用于交流 50Hz（60Hz）、电压至 380V、电流至 150A 的电力线路中，供远距离接通和分断电路，并适用于频繁地启动、停止和反转交流电动机。

主触头系统为三极双断点结构，辅助触头 40A 及以下为开启式，电磁机构 40A 及以下为直动式，60A 及以上是杠杆转动式结构。静铁心、衔铁均装有缓冲装置。除 10A 接触器外，其余电流等级接触器均为陶土纵缝式灭弧罩。

2. CJ12 系列交流接触器

接触器的电磁机构由 U 形静铁心、衔铁及线圈组成。静铁心、衔铁均装有缓冲装置，用以减轻电磁系统闭合时的碰撞力，减少主触头的振动时间和释放时的反弹现象。

CJ12 系列交流接触器的主触头为单断点串联磁吹结构，配有纵缝式灭弧罩，具有良好的灭弧性能。接触器辅助触头为双断点式，有透明防护罩；接触器触头系统的动作，靠电磁系统经扁钢传动，整个接触器的易损零部件具有拆装简便和便于维护检修等特点；接触器主结构为条架平面布置，电磁机构居左，主触头系统居中，辅助触头居右，并装有可转动的停挡，整个布置便于监视和维修。

3. 交流接触器的选用原则

交流接触器的选用应按满足被控设备的要求进行，除额定工作电压与被控设备的额定工作电压相同外，被控设备的负载功率、使用类别、控制方式、操作频率是选择的依据，交流接触器的选用原则如下：

（1）交流接触器的电压等级要和负载相同，选用的接触器类型要和负载相适应。

（2）负载的计算电流要符合接触器的容量等级，即计算电流不大于接触器的额定工作电流。接触器的接通电流大于负载的启动电流，分断电流大于负载运行时分断需要电流，负载的计算电流要考虑实际工作环境和工况，对于启动时间长的负载，半小时峰值电流不能超过约定发热电流。

（3）按短时的动、热稳定性校验。线路的三相短路电流不应超过接触器允许的动、热稳定电流，当使用接触器断开短路电流时，还应校验接触器的分断能力。

（4）接触器线圈的额定电压、额定电流、辅助触头的数量、电流容量应满足控制回路接线要求。要考虑接在接触器控制回路的线路长度，一般推荐的操作电压值，接触器要能够在 85%～110%的额定电压下工作。如果线路过长，电压降太大，接触器线圈对合闸指令有可能不起反应。

（5）根据操作次数校验接触器所允许的操作频率。如果操作频率超过规定值，额定电流应加大一倍。

（6）短路保护元件参数应该和接触器参数配合选用。选用时可参见样本手册，样本手册一般给出的是接触器和低压熔断器的配合表。

二、直流接触器

直流接触器主要用于直流电力线路中，作为远距离接通或分断电路、控制直流系统的电器。

常用的直流接触器是 CZ0 系列，主要供远距离接通与断开额定电压至 440V、额定电流至 600A 的直流电力线路，并适用于直流电动机的频繁启动、停止、换向及反接制动。其额定电流分为 40A、100A、150A、250A、400A 和 600A 六种；其极数分单极和双极，线圈控制电压有 24V、48V、110V、220V 四种。

直流接触器结构、工作原理与交流接触器基本相同，主要由线圈、静铁心、衔铁、触头、灭弧装置等组成，如图 3-12 所示。但也有不同之处，其与交流接触器的区别：触头多采用滚动接触的指形触头，辅助触头采用点接触桥式触头；线圈中通过的是直流电，产生的是恒定的磁通，不会在铁心中产生磁滞损耗和涡流损耗，所以铁心不发热；铁心常用整块铸钢或铸铁制成，并且不需要短路环；电磁机构中只有线圈产生热量，为了使线圈散热良好，通常将线圈绕制成长而薄的圆筒状，没有骨架，与铁心直接接触，便于散热；由于直流电弧特殊性，较难熄灭，一般采用灭弧能力较强的磁吹灭弧。

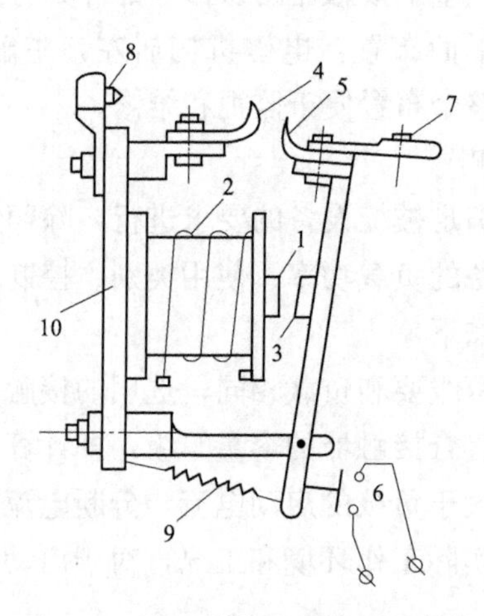

图 3-12　直流接触器的结构示意图

1—静铁心；2—线圈；3—衔铁；4—静触头；5—动触头；6—辅助触头；7、8—接线柱；9—反作用弹簧；10—底板

教学单元 4　接触器的维护与检修

一、接触器的维护

1. 接触器的日常维护

（1）定期检查接触器外观是否完好，绝缘部件有无破损、脏污现象。

（2）定期检查接触器螺钉是否松动，可动部分是否灵活可靠。

（3）检查灭弧罩有无松动、破损现象。灭弧罩往往较脆，维护时注意不要碰坏。

（4）检查主触头、辅助触头及各连接点有无过热、烧蚀的现象，发现问题应及时修复。当触头磨损到 1/3 时，应更换新的触头。

（5）检查铁心极面有无变形、松开现象，交流接触器的短路环是否破裂，直流接触器的铁心非磁性垫片是否完好。

2. 接触器各部件维护方法

（1）外观的维护：清除接触器表面的灰尘，可用棉布沾少量汽油擦去油污，然后用布擦干；拧紧所有压接导线的螺钉，防止松动脱落，引起连接部分非正常发热。

（2）触头系统的维护：①检查动、静触头是否对准，三相是否同时闭合，并调节触头弹簧使三相一致。②摇测相间绝缘电阻值，使用500V绝缘电阻表，其相间阻值不应低于10MΩ。③触头磨损厚度超过1mm，或严重烧损、开焊脱落时应更换新件。轻微烧损或接触面发毛、变黑不影响使用，可不予处理。若影响接触，可用小锉刀磨平打光。④经维修或更换触头后应注意触头开距、超行程，触头超行程会影响触头的终压力。⑤检查辅助触头动作是否灵活，静触头是否有松动或脱落现象，触头开距和行程是否符合要求。可用万用表测量接触电阻，发现接触不良且不易修复时，要更换新触头。

（3）灭弧罩的维护：①取下灭弧罩，用毛刷清除罩内脱落物或金属颗粒。如发现灭弧罩有裂损，应及时予以更换。②对于栅片灭弧罩，应注意栅片是否完整或有无烧损变形、严重松脱、位置变化等，若不易修复则应更换。

（4）电磁线圈的维护：①交流接触器的线圈在电源电压为线圈额定电压的85%～105%时，应能可靠工作。②检查电磁线圈有无过热，线圈过热反映在外是表层老化、变色。线圈过热一般是由匝间短路造成的，此时可测其阻值并与同类线圈比较，不能修复则应更换。③检查引线和插接件有无开焊或将断开的情况。④检查线圈骨架有无裂纹、磨损或固定不正常的情况，如发现问题应及早固定或更换。

（5）铁心的维护：①用棉纱沾汽油擦拭端面，除去油污或灰尘等。②检查各缓冲件是否齐全，位置是否正确。③有无铆钉断裂导致铁心端面松散的情况。④短路环有无脱落或断裂，特别要注意隐裂。如有断裂或造成严重噪声，应更换短路环或铁心。⑤检查电磁铁吸合是否良好，有无错位现象。

二、接触器的检修

接触器检修步骤如下：

1. 拆卸步骤

（1）卸下灭弧罩紧固螺钉，取下灭弧罩。

（2）拉紧主触头定位弹簧夹，取下主触头及主触头压力弹簧片。拆卸主触头必须将主触头侧转45°后取下。

（3）松开辅助触头的螺钉，取下辅助触头。

（4）松开接触器底部的盖板螺钉，取下盖板。在松开盖板螺钉时，要用手按住螺钉并慢慢放松。

（5）取下静铁心缓冲绝缘纸片及静铁心。

（6）取下静铁心支架及缓冲弹簧。

（7）拔出线圈接线端的弹簧夹片，取下线圈。

(8) 取下反作用弹簧。

(9) 取下衔铁和支架。

(10) 从支架上取下衔铁定位销。

(11) 取下衔铁及缓冲绝缘纸片。

2. 检修步骤

(1) 检查灭弧罩有无破裂或烧损，清除灭弧罩内的金属飞溅物和颗粒。

(2) 检查触头的磨损程度，磨损严重时应更换触头。若不需更换，则清除触头表面上烧毛的颗粒。

(3) 清除铁心端面的油垢，检查铁心有无变形及端面接触是否平整。

(4) 检查触头压力弹簧及反作用弹簧是否变形或弹力不足，如有需要则更换弹簧。

(5) 检查电磁线圈是否有短路、断路及发热变色现象。

3. 装配步骤

按拆卸的逆顺序进行装配。

4. 自检方法

用万用表的欧姆挡检查线圈及各触头是否良好；用绝缘电阻表测量各触头间及主触头对地电阻是否符合要求；用手按动主触头检查运动部分是否灵活，以防产生接触不良、振动和噪声。

三、接触器常见故障及处理方法

表 3-1 所列为接触器的常见故障、故障原因及处理方法。

表 3-1　　接触器的常见故障、故障原因及处理方法

故障现象	故障原因	处理方法
吸不上或吸力不足（即触头已闭合而铁心尚未完全吸合）	1. 电源电压过低或波动太大； 2. 操作回路电源容量不足或发生断线、配线错误及控制触头接触不良； 3. 线圈技术参数与使用条件不符； 4. 产品本身受损（如线圈断线或烧毁等）； 5. 触头弹簧压力与超程过大	1. 调高电源电压； 2. 增加电源容量，更换线路，修理控制触头； 3. 更换线圈； 4. 更换线圈，修理受损零件； 5. 调整触头参数
触头不释放或释放缓慢	1. 触头弹簧压力过小； 2. 触头熔焊； 3. 机械可动部分被卡住，转轴生锈或歪斜； 4. 反作用弹簧损坏； 5. 铁心极面有油污或尘埃粘着	1. 调整触头参数； 2. 排除熔焊故障，修理或更换触头； 3. 排除卡住现象，修理受损零件； 4. 更换反作用弹簧； 5. 清理铁心极面

续表

故障现象	故障原因	处理方法
线圈过热或烧损	1. 电源电压过高或过低； 2. 线圈技术参数（如额定电压、频率等）与实际使用条件不符； 3. 操作频率（交流）过高； 4. 线圈制造不良或有机械损伤、绝缘损坏等； 5. 使用环境条件差，如空气潮湿、含有腐蚀性气体或环境温度过高； 6. 运动部分卡住； 7. 交流铁心极面不平或中间气隙过大	1. 调整电源电压； 2. 调换线圈或接触器； 3. 选择其他合适的接触器； 4. 更换线圈，排除引起线圈机械损伤的故障； 5. 采用特殊设计的线圈； 6. 排除卡住现象； 7. 清理铁心极面或更换铁心
电磁铁（交流）噪声大	1. 电源电压过低； 2. 触头弹簧压力过大； 3. 电磁机构歪斜或机械卡住，使铁心不能吸平； 4. 极面生锈或有异物（如油垢、尘埃）侵入铁心极面； 5. 短路环断裂； 6. 铁心极面磨损过度而不平	1. 提高操作回路电压； 2. 调整触头弹簧压力； 3. 排除机械卡住故障； 4. 清理铁心极面； 5. 调换铁心或短路环； 6. 更换铁心
触头熔焊	1. 操作频率过高或产品过负载使用； 2. 负载侧短路； 3. 触头弹簧压力过小； 4. 触头表面有金属颗粒突起或异物； 5. 操作回路电压过低或机械卡住，致使吸合过程中有停滞现象，触头停顿在刚接触的位置上	1. 调整操作频率或选择合适的接触器； 2. 排除短路故障、更换触头； 3. 调整触头弹簧压力； 4. 清理触头表面； 5. 调高操作电源电压，排除机械卡住故障，使接触器吸合可靠
触头过热或灼伤	1. 触头弹簧压力过小； 2. 触头上有油污或表面高低不平，有金属颗粒突起； 3. 环境温度过高或使用在密闭的控制箱中； 4. 触头用于长期工作制； 5. 操作频率过高或工作电流过大，触头的断开容量不够； 6. 触头的超程过小	1. 调高触头弹簧压力； 2. 清理触头表面； 3. 接触器降容使用； 4. 接触器降容使用； 5. 调换断开容量较大的接触器； 6. 调整触头超程或更换触头

续表

故障现象	故障原因	处理方法
触头过度磨损	1. 接触器选用欠妥； 2. 三相触头动作不同步； 3. 负载侧短路	1. 接触器降容使用或改用适用于繁重任务的接触器； 2. 调整至同步； 3. 排除短路故障，更换触头
相间短路	1. 尘埃堆积或有水汽、油垢，使绝缘变坏； 2. 接触器零部件损坏（如灭弧室碎裂）	1. 经常清理，保持清洁； 2. 更换损坏零件

四、接触器的安装及使用

1. 安装前

（1）应检查产品的铭牌及线圈上的数据（如额定电压、额定电流、操作频率等）是否符合实际使用要求。

（2）用于分合接触器的活动部分，要求产品动作灵活、无卡住现象。

（3）当接触器铁心极面涂有防锈油时，使用前应将铁心极面上的防锈油擦净，以免油垢黏滞而造成接触器断电不释放。

（4）检查和调整触头的工作参数，并使各极触头同时接触。

2. 安装与调整

（1）安装接线时，应注意勿使螺钉、垫圈、接线头等零件遗漏，以免落入接触器内造成卡住或短路现象。安装时，应将螺钉拧紧，以防振动松脱。

（2）检查接线正确无误后，应在主触头不带电的情况下，先使线圈通电分合数次，检查产品动作是否可靠，然后才能投入使用。

（3）用于可逆转换的接触器，为保证连锁可靠，除装有电气连锁外，还应加装机械连锁机构。

3. 接触器的使用

（1）使用时，应定期检查产品各部件，要求可动部分无卡住、紧固件无松脱现象。各部件如有损坏，应及时更换。

（2）触头表面应保持清洁，不允许涂油。当触头表面因电弧作用而形成金属小珠时，应及时清除。当触头严重磨损后，应及时调换触头。但应注意，银及银基合金触头表面在分断电弧时生成的黑色氧化膜接触电阻很低，不会造成接触不良现象，因此不必锉修，否则将会大大缩短触头寿命。

（3）原来带有灭弧室的接触器，绝不能不带灭弧室使用，以免发生短路事故。陶土灭弧罩易碎，应避免碰撞，如有碎裂，应及时调换。

技能训练1 接触器控制回路接线

一、实训目的

（1）了解接触器的结构、工作原理。

（2）掌握交流接触器和主令电器（按钮）的应用方法。

（3）能熟练完成控制电路的设计和接线。

二、实训器材

实训器材见表3-2。

表3-2 实训器材

序号	名称	型号规格	数量
1	交流接触器	CJ20-10	1个
2	按钮	LA30	红色、绿色各1个
3	信号灯	XB2	1个
4	熔断器	RL1-15	1个
5	刀开关	HK2-15	1个
6	实验板		1块
7	常用电工工具		1套
8	连接导线	BVR 2.5	若干

三、实训电路

实训电路如图3-13所示。

四、实训内容与步骤

（1）打开交流接触器的壳盖，手动操作，看清内部结构，以便接线。

（2）打开按钮的壳盖，辨认要用的常开触头、常闭触头及相应颜色。绿色按钮表示启动，红色按钮表示停止。

（3）按图3-13完成接线，并检查。

（4）合上刀开关，按下绿色按钮，指示灯灯亮（接触器动作，主触头接通）。

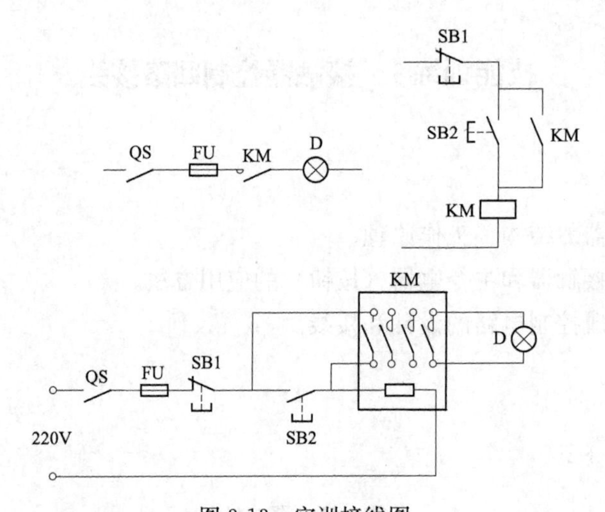

图 3-13 实训接线图

KM—接触器；FU—熔断器；SB1、SB2—按钮；QS—刀开关；D—信号灯

（5）松开绿色按钮，指示灯仍亮（如灯灭，检查交流接触器辅助触头是否连接可靠）。

（6）按下红色按钮，指示灯灭（接触器失电，主触头返回）。

（7）将电路变成点动电路（即按下绿色按钮，灯亮。松开按钮，灯灭）。

五、实训注意事项及安全措施

（1）接线完毕通电前，要经过指导教师检查。

（2）注意区分主电路和控制电路。

（3）操作时站在绝缘垫上。

六、思考题

（1）本次实训所接电路还能接什么负载?

（2）如果按钮按下但指示灯不亮，可能是什么故障?

技能训练 2 接触器动作参数的测试

一、实训目的

（1）掌握交流接触器的结构，会在电路中将其正确的接入。

（2）掌握交流接触器动作参数的含义，参数包括吸合电压、吸合电流、释放电压、释放电流，并会对其进行测定。

二、实训器材

实训器材见表 3-3。

表 3-3　　实 训 器 材

序号	名称	型号规格	数量
1	自耦调压变压器	19kVA	1台
2	电压表	44L0-450	1块
3	电流表	44L-100/5	1块
4	刀开关	HK2-15	1台
5	熔断器	RL1-15	5台
6	交流接触器	CJ20-10	1台
7	红、绿按钮	LA30	各1个
8	电动机	Y80M2-2	1台
9	常用电工工具		1套
10	连接导线	BVR 2.5	若干

三、测试步骤

（1）根据给定接触器按图 3-14 接线。

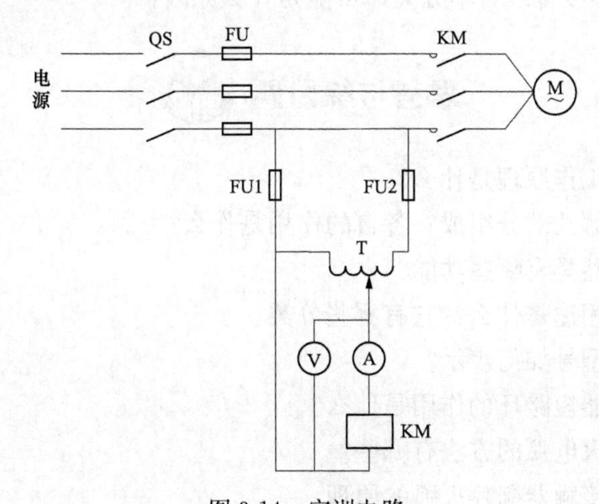

图 3-14　实训电路

QS—刀开关；FU—熔断器；KM—接触器；T—自耦调压变压器；

V—电压表；A—电流表；M—电动机

（2）将自耦调压变压器的输出值设置为零。

（3）根据给定的接触器线圈电压和线圈电流，选择合适的电压表和电流表量程。

（4）合上刀开关，缓慢且均匀地调节自耦调压变压器使其输出电压逐步升高，直至衔铁吸合。观察现象，并记录电压表和电流表的数值，电压表、电流表的数值即为接触器的吸合电压和吸合电流。

（5）保持吸合电压值，断开自耦调压变压器，再重复合闸两次，做两次冲击合闸试验，以校验动作的可靠性。

(6) 均匀地降低自耦调压变压器的输出电压，直至衔铁分离。并记录此时电压表电流表和的数值，电压表、电流表的数值即为接触器的释放电压和释放电流。

(7) 调整自耦调压变压器的输出电压至接触器线圈的额定电压，观察接触器正常运行时，铁心有无振动及噪声。

四、实训注意事项及安全措施

(1) 吸合电压应小于或等于线圈额定电压的 85%，释放电压应大于线圈额定电压的 20%。

(2) 接线完毕通电前，要经过指导教师检查。

(3) 注意自耦调压变压器的接线方式。

(4) 操作时站在绝缘垫上。

五、思考题

(1) 本次实训中接触器的吸合电压和释放电压是否符合要求？如果不符合要求，该如何调整？

(2) 如果衔铁不吸合或者不分离，可能是什么原因？

思考与练习题

3-1 接触器的工作原理是什么？

3-2 接触器由哪几部分组成？各自的作用是什么？

3-3 交流接触器具有哪些功能？

3-4 接触器的用途是什么？它有哪些分类？

3-5 接触器的型号如何表示？

3-6 交流接触器短路环的作用是什么？

3-7 接触器熄灭电弧的方法有哪些？

3-8 简述交流接触器栅片灭弧的原理。

3-9 交流接触器频繁操作后，线圈为什么会过热？其衔铁卡住后会出现什么后果？

3-10 交流接触器单断点指形触头和双断点桥式触头各有何优缺点？

3-11 交流接触器与直流接触器在结构与原理上有何异同？

3-12 接触器日常维护有哪些内容？

3-13 接触器常见故障有哪些？处理方法是什么？

3-14 接触器的使用需要注意哪些事项？

模块 4　低压断路器

知识点

1. 熟悉低压断路器的结构、工作原理及技术参数；
2. 掌握低压断路器的作用、分类和典型产品。

技能点

1. 能正确选用和安装低压断路器；
2. 具有低压断路器运行维护和故障处理的能力。

教学单元 1　低压断路器的认知

一、低压断路器的作用

低压断路器又称自动开关或空气开关，是指能接通、分断正常电路条件下的电流，也能在规定的非正常电路条件（如过载、短路）下，在一定时间内接通、分断承载电流的机械式开关电器，是低压配电系统中的主要电气元件。

二、低压断路器的分类

（1）按结构类型，低压断路器分为塑壳式和万能式（框架式）。

（2）按极数，低压断路器分为单极、二极、三极和四极等。

（3）按结构功能，低压断路器分为一般式、多功能式、高性能式和智能式等。

（4）按安装方式，低压断路器分为固定式和抽屉式。

（5）按接线方式，低压断路器分为板前接线、板后接线、插入式接线、抽出式接线和导轨式接线等。

（6）按操作方式，低压断路器分为手动（手柄或外部转动手柄）和电动操作。

（7）按动作速度，低压断路器分为一般型和快速型（限流断路器）。

（8）按用途，低压断路器分为配电断路器、电动机保护用断路器、灭磁断路器和漏电断路器等。

三、低压断路器的主要技术参数

（1）额定电压：额定电压分额定工作电压、额定绝缘电压和额定脉冲耐压值。

1）额定工作电压：与通断能力及使用类别相关的电压值，对于交流多相电路则指电路的线电压。

2）额定绝缘电压：断路器的最大额定工作电压。

3）额定脉冲耐压值：数值应大于或等于系统中出现的最大过电压峰值，额定绝缘电压和额定脉冲耐压值共同决定了开关电器的绝缘水平。

（2）额定电流：脱扣器的额定电流，一般情况下也是断路器的额定持续电流。

（3）额定短路分断能力：在规定的使用条件下，分断短路预期电流的能力，可分为额定极限短路分断能力和额定运行短路分断能力。

1）额定极限短路分断能力：在规定的使用条件下的极限短路分断电流之值，可以用预期短路电流表示。

额定极限短路分断能力试验的操作顺序如下：

$$O - t - CO$$

其中，O 为分断操作；

CO 为接通操作后紧接着的分断操作；

t 为两个相继操作之间的时间间隔。

2）额定运行短路分断能力：产品在规定使用条件下的一种比额定极限短路分断电流小的分断电流值，其值可以是额定极限短路分断电流的 25%、50%、75%、100%。

额定运行短路分断能力试验的操作顺序如下：

$$O - t - CO - t - CO$$

额定运行短路分断能力试验后，要求断路器应仍有能力在额定电流下继续运行，而额定极限短路分断能力试验后，并无此项要求，因此额定极限短路分断电流是断路器的最大分断电流。

（4）额定短路接通能力：在规定的工作电压、功率因数或时间常数下能够接通短路电流的能力，用最大预期电流峰值表示。

（5）额定短时耐受电流：断路器处于闭合状态下，耐受一定持续时间的短路电流能力。额定短时耐受电流包括经受短路电流峰值的电动力作用及一定时间的短路电流（周期分量有效值）的热作用。

（6）保护特性：

1）过电流保护特性：当主电路电流大于规定值时，断路器应能瞬时分断电路。

2）欠电压保护特性：当主电路电压低于规定值时，断路器应能瞬时或经短延时动作，将电路分断。零电压保护特性（或称失压保护特性）是欠电压保护特性中的一种特殊形式。

3）漏电保护特性：当电路漏电电流超过规定值时，断路器应在规定时间内动作，分断电路。

教学单元 2　低压断路器的结构及工作原理

一、低压断路器的结构

低压断路器由触头系统、灭弧装置、操动机构、保护装置（脱扣器）等组成，其动作原理如图 4-1（a）所示，其外形如图 4-1（b）所示，它在电路图中的图形符号如图 4-1（c）所示，文字符号用 Q 表示。

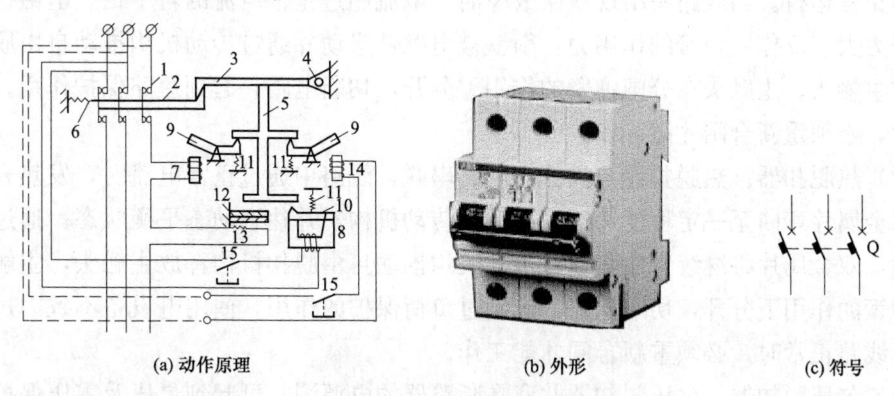

图 4-1　低压断路器

1—主触头；2—传动杆；3—锁扣（代表自由脱扣机构）；4—转轴；5—杠杆；6—分闸弹簧；7—过电流脱扣器；8—欠压脱扣器；9、10—衔铁；11—弹簧；12—热脱扣器双金属片；13—发热元件；14—分励脱扣器；15—按钮

1. 触头系统

触头系统包括主触头和辅助触头。

主触头用于分、合主电路，有单断点指形触头、双断点桥式触头、插入式触头等形式，通常由两对并联触头（即工作触头和灭弧触头）所组成。工作触头主要通过工作电流；灭弧触头是在接通和断开电路时，保护工作触头不被电弧烧伤；辅助触头用于控制电路，用来反映断路器的位置或构成电路的连锁。

2. 灭弧装置

灭弧装置的作用是吸引开断大电流时产生的电弧，使长弧被分割成短电弧，通过灭弧栅片的冷却，使弧柱温度降低，最终熄灭电弧。

万能式低压断路器常用金属栅片式灭弧室，由石棉水泥夹板、灭弧栅片及灭焰栅片所组成；塑壳式低压断路器所用的灭弧装置由红钢纸板嵌上栅片组成。

3. 操动机构

操动机构包括传动机构和自由脱扣机构。其作用是用手动或电动来操作触头的合闸与分闸，在出现过载、短路时可以自由脱扣。当断路器合闸时，传动机构把合闸命令传递到自由脱扣机构，使触头闭合。

自由脱扣是指当主电路出现故障电流时，不论操作手柄在何位置，触头均能迅速自动分断电路。

4. 保护装置

低压断路器的保护装置是各种脱扣器，它是断路器的感受元件。当电路发生故障或需要分断时，脱扣器接收信号并动作，通过自由脱扣机构使断路器分闸而切断电路。

脱扣器的工作原理如下：

（1）过电流脱扣器。过电流脱扣器与被保护电路串联，用于短路保护。线路中通过正常电流时，电磁铁产生的电磁力小于反作用力弹簧的拉力，衔铁不能被电磁铁吸动，断路器正常运行。当线路中出现短路故障时，电流超过正常电流的若干倍，电磁铁产生的电磁力大于反作用弹簧的作用力，衔铁被电磁铁吸动并通过传动机构推动自由脱扣机构释放主触头。主触头在分闸弹簧的作用下分开，切断电路，起到短路保护作用。线路正常时，必须重新合闸才能工作。

（2）热脱扣器。热脱扣器与被保护电路串联，线路中通过正常电流时，发热元件发热使双金属片弯曲至一定程度（刚好接触到传动机构）并达到动态平衡状态。通过过载电流时，双金属片将继续弯曲，通过传动机构推动自由脱扣机构释放主触头，主触头在分闸弹簧的作用下分开，切断电路，起到过负荷保护的作用，使用电设备不致因过载而烧毁。线路正常时，必须重新合闸才能工作。

（3）欠压脱扣器。欠压脱扣器并联在断路器的电源测，可起到欠压及零压保护的作用。电源电压正常时扳动操作手柄，断路器的常开辅助触头闭合，电磁铁得电，衔铁被电磁铁吸住，自由脱扣机构将主触头锁定在合闸位置，断路器投入运行。当电源侧停电或电源电压过低时，电磁铁所产生的电磁力不足以克服反作用弹簧的拉力，衔铁被向上拉，通过传动机构推动自由脱扣机构使断路器跳闸，起到保护作用。当电源电压为额定电压的75%～105%时，失压脱扣器保证吸合，使断路器顺利合闸；当电源电压低于额定电压的40%时，失压脱扣器保证脱开，使断路器跳闸分断。电源电压正常时，必须重新合闸才能工作。

一般还可用串联在失压脱扣器电磁线圈回路中的常闭按钮做分闸操作。

（4）分励脱扣器。分励脱扣器用于远距离操作低压断路器的分闸控制，对电路不起保护作用。它的电磁线圈并联在低压断路器的电源侧，不允许长期通电。需要进行分闸操作时，按动常开按钮使分励脱扣器的电磁铁得电吸动衔铁，通过传动机构推动自由脱扣机构，使断路器跳闸。

同时装有两种或两种以上脱扣器时，则称这台断路器装有复式脱扣器。

二、低压断路器的工作原理

在图 4-1（a）中，低压断路器的三对主触头 1，与被保护的三相主电路相串联。当手动闭合电路后，其主触头由传动杆 2 钩住锁扣 3，克服弹簧 11 的拉力，保持闭合状态，锁扣 3 可绕转轴 4 转动。当被保护的主电路正常工作时，过电流脱扣器 7 中线圈所产生的电磁吸力不足以将衔铁 9 吸合。而当被保护的主电路发生短路或产生较大电流时，过电流脱扣器 7 中线圈所产生的电磁吸力随之增大，直至将衔铁 9 吸合，并推动杠杆5将锁扣3顶开，在分闸弹簧6的作用下主触头断开，切断主电路，起到保护作用；又当电路电压严重下降或消失时，欠压脱扣器8中线圈所产生的电磁吸力减小或失去吸力，衔铁10被弹簧11拉开，推动杠杆5将锁扣3顶开，断开主触头，起到保护作用；当电路发生过载时，过载电流流过发热元件13，使热脱扣器双金属片12向上弯曲，将杠杆5推动，断开主触头，从而起到保护作用。

在正常工作时，分励脱扣器的线圈是断电的。在需要远距离控制时，按下启动按钮15，使其线圈通电，衔铁带动自由脱扣机构动作，使主触头断开。

教学单元3　低压断路器典型产品

一、塑壳式断路器

塑壳式断路器是塑料外壳式断路器的简称，其主要特征是所有部件都安装在一个塑料外壳中，没有裸露的带电部分，提高了使用的安全性，具有结构紧凑、体积小等特点。它大多为非选择型，常用于低压配电开关柜（箱）中，用作配电线路、电动机、照明电路及电热器等设备的电源控制开关及保护。塑壳式断路器的外形及结构如图4-2所示。

小容量断路器（50A以下）常采用非储能式闭合，操作方式多为手柄式；大容量断路器的操动机构采用储能式闭合，可以手动操作，也可由电动机操作，可实现远方遥控操作。

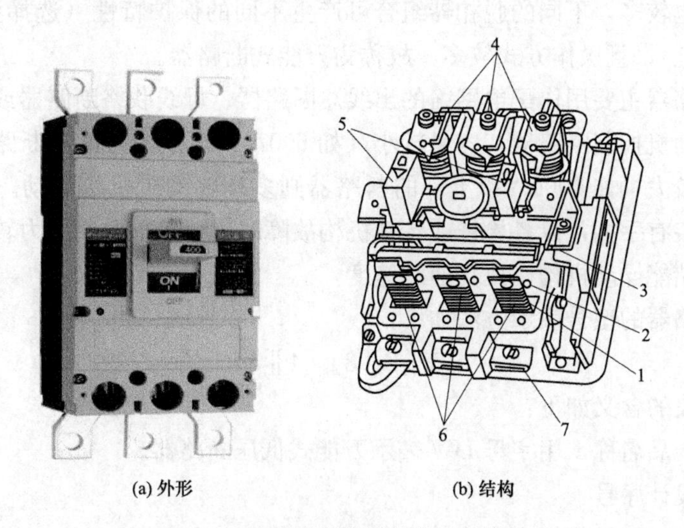

(a) 外形　　(b) 结构

图4-2　塑壳式断路器的外形及结构

1—静触头；2—动触头；3—自由脱扣机构；4—过电流脱扣器；

5—按钮；6—热脱扣器；7—接线柱

塑壳式断路器的型号表示方法如下：

[1] [2] [3] — [4] [5] / [6] [7] [8]

各部分代表的含义如下：

[1] 表示产品名称，用字母 DZ 表示塑壳式低压断路器。

[2] 表示设计序号。

[3] 表示额定极限短路电流分断能力级别。

[4] 表示壳架等级额定电流，单位为 A。

[5] 表示操作方式：P 为电动操作，CS 为手动操作。

[6] 表示极数。

[7] 表示脱扣器方式及附代号。

[8] 表示用途代号。

塑壳式断路器种类繁多，国产主要型号有 DZ5、DZ10、DZ15、DZ20 等。此外，还有智能型塑壳式断路器 DZ40 等型；引进国外技术生产的产品有 H、T、3VE、S 等系列。

DZ20 系列断路器是全国统一设计的系列产品，适用于交流额定电压 500V 以下、直流额定电压 220V 及以下、额定电流 100～125A 的电路中作为配电线路及电源设备的过载、短路和欠电压保护。

二、万能式断路器

万能式断路器也称为框架式断路器，它的特点是具有带绝缘衬垫的钢制框架结构，所有部件均安装在这个框架底座内。万能式断路器容量较大，可装设较多的脱扣器，辅助触头的数量也较多，不同的脱扣器组合可产生不同的保护特性（选择型或非选择型、反时限动作特性），且操作方式较多，故称为万能式断路器。

万能式断路器主要用作配电网络的出线总断路器、母线联络断路器或大容量馈线断路器和大型电动机控制断路器。容量较小（如 600A 以下）的万能式断路器多用电磁机构传动，容量较大（如 1000A 以上）的断路器则多用电动机机构传动。无论采用何种传动机构，都装有手柄，以备检修或传动机构故障时用。极限通断能力较高的万能式断路器，还采用储能操动机构以提高通断速度。

万能式断路器的型号表示方法如下：

[1][2][3]/[4][5]

各部分代表的含义如下：

[1] 表示产品名称，用字母 DW 表示万能式低压断路器。

[2] 表示设计序号。

[3] 表示壳架等级额定电流，单位为 A。

[4] 表示极数。

[5] 表示用途代号。

1. DW15 系列万能式断路器

万能式断路器的常用型号有 DW10、DW15、DW16 等。DW15 系列万能式断路器适用于交流 50Hz、额定电流至 400A、额定电压 380～1140V 的配电网中。

图 4-3 所示为 DW15 系列断路器的结构。该断路器为立体布置形式。触头系统、过电流脱扣器、左右侧板安装在一块绝缘板上。上部装有灭弧系统。操动机构装在正前方或右侧面，有“分”“合”指示及手动断开按钮机构。操作电磁铁（或操作电动机）安装在操动机构的上部。正面左上方装有分励脱扣器，背部装有欠压脱扣器，与脱扣半轴相连。失压延时阻容装置、热继电器或电子型脱扣器分别装在断路器的下方。

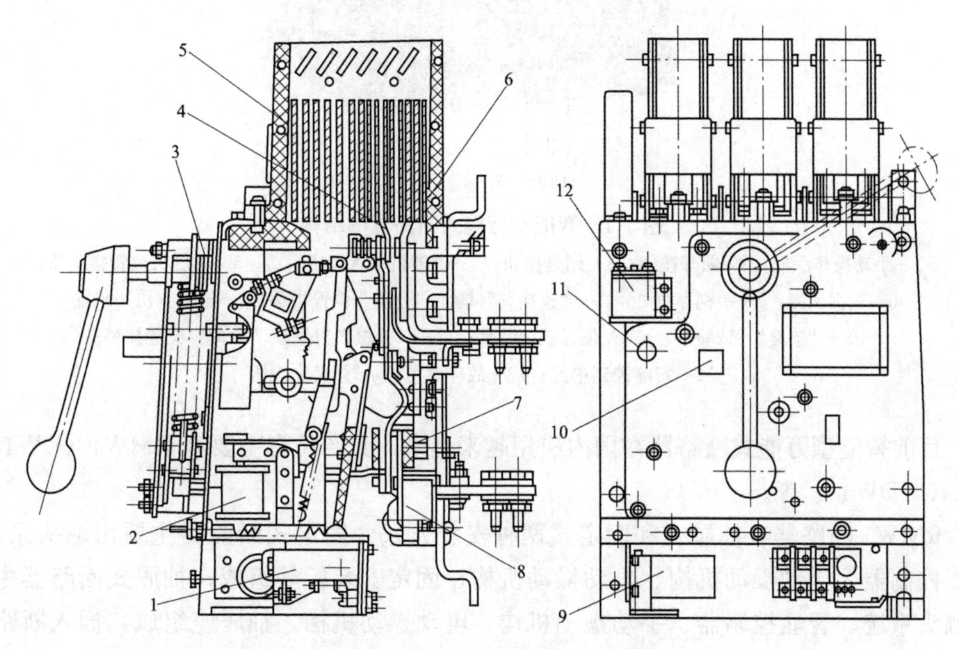

图 4-3　DW15 系列断路器的结构

1—热继电器或半导体式脱扣器；2—欠压脱扣器；3—操作机构；4—动触头；5—灭弧室；6—静触头；7—过电流脱扣器；8—互感器；9—失压延时装置；10—分合指示器；11—脱扣轴；12—分励脱扣器

2. 智能型万能式断路器

智能型万能式断路器把智能型监控器的功能与断路器集成在一起，主要是脱扣器是智能的。其由触头系统、灭弧系统、操动机构、互感器、智能控制器、辅助开关、二次接插件、脱扣器、传感器、显示屏、通信接口、电源模块等部件组成，如图 4-4 所示。

智能型万能式断路器适用于交流 50Hz、额定电压 690V 及以下、额定电流 630～6300A 的配电网络中，用来分配电能和保护线路，以及使电源设备免受过载、短路、欠压、过压、单相接地、过频、欠频、电流不平衡、电压不平衡、逆功率等故障的危害，该断路器具有多种智能保护功能，可做到选择性保护，动作精确，提高供电可靠性，避免不必要的停电。

智能型断路器的底座由构件组成一个整体并具有多种结构变化方式，具有结构紧凑、性能可靠、分断时间短、零飞弧等特点。

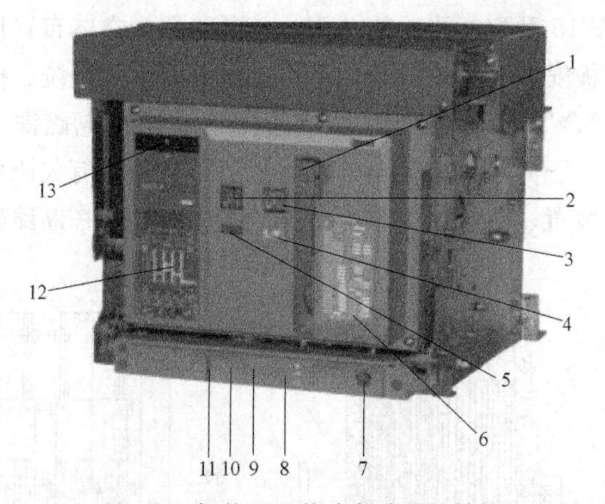

图 4-4　智能型万能式断路器的结构

1—手动操作手柄；2—断开按钮；3—闭合按钮；4—储能机构状态指示器；5—主触头位置指示器；
6—数据铭牌；7—手柄存放处；8—“连接”“试验”“分离”位置指示；9—推进（出）装置；
10—“连接”“试验”“分离”位置锁定装置；11—“连接”“试验”“分离”位置挂锁；
12—智能控制单元；13—故障跳闸指示器-复位按钮

目前智能型万能式断路器在国内应用越来越多，其产品有主要有 RMW1（DW45）、MA40（DW40）等。

RMW1 断路器有抽屉式和固定式两种安装方式。固定式断路器主要由触头系统、智能控制器、手动操动机构、电动操动机构、固定安装板等组成；抽屉式断路器主要由触头系统、智能控制器、手动操动机构、电动操动机构、抽屉座组成，插入断路器放置在抽屉座内导轨上进出。抽屉式断路器有三个工作位置：“连接”“试验”“分离”位置，位置的变更通过手柄的旋转实现，三个位置的指示通过抽屉座底座横梁上的指针显示。当处于“连接”位置时，主回路和二次回路均接通；当处于“试验”位置时，主回路断开，并用绝缘隔板隔开，仅二次回路接通，可进行一些必要的动作试验；当处于“分离”位置时，主回路和二次回路全部断开。抽屉式断路器具有机械联锁装置，断路器只有在连接位置和试验位置才能闭合，而在连接与试验的中间位置，断路器不能闭合。

教学单元 4　低压断路器的选用与安装

一、低压断路器的一般选用原则

（1）根据线路对保护的要求确定低压断路器的类型和保护形式。

（2）低压断路器的额定电流不小于线路的计算电流。

（3）低压断路器的额定电压不小于线路的额定电压。

（4）低压断路器脱扣器额定电流不小于线路工作电流。

（5）低压断路器极限通断能力不小于线路中最大的短路电流。

（6）线路末端单相对地短路电流/断路器瞬时（或短路时）脱扣器整定电流不小于1.25。

（7）低压断路器欠压脱扣器额定电压等于线路额定电压。

（8）低压断路器分励脱扣器额定电压等于控制电源电压。

二、低压断路器的安装

安装前首先应进行自检，检查断路器的规格是否符合要求，机构的运作是否灵活、可靠；同时应测量断路器的绝缘电阻，其阻值不得小于10MΩ，否则应进行干燥处理。

（1）低压断路器应垂直安装。低压断路器底板应垂直于水平位置，固定后，断路器应安装平整。

（2）板前接线的低压断路器允许安装在金属支架上或金属底板上，但板后接线的低压断路器必须安装在绝缘底板上。

（3）电源进线应接在断路器的上母线，而负载出线则应接在下母线。

（4）当低压断路器用作电源总开关或电机的控制开关时，在断路器的电源进线侧必须加装隔离开关、刀开关或低压熔断器，作为明显的断开点。

（5）为防止发生飞弧，安装时应考虑断路器的飞弧距离，并注意灭弧室上方接近飞弧距离处不得跨接母线。

（6）凡设有接地螺钉的断路器，均应可靠接地。

（7）带插入式端子的塑壳式断路器，应装在金属箱内（只有操作手柄外露），以免操作人员触及接线端子而发生事故。

（8）塑壳式断路器的操动机构在出厂时已调试好，拆开时操动机构不得随意调整。

教学单元5 低压断路器的运行维护

一、塑壳式断路器的运行维护

1. 运行中的检查

（1）检查负荷电流是否符合断路器的额定值。

（2）信号指示与电路分、合状态是否相符。

（3）过载热元件的容量与过负荷额定值是否相符。

（4）连接线的接触处有无过热现象。

（5）操作手柄和绝缘外壳有无破损现象，内部有无放电响声。

（6）电动合闸机构润滑是否良好，机件有无破损情况。

2. 使用维护事项

（1）断开断路器时，必须将手柄拉向“分”字处，闭合时将手柄推向“合”字处。若将自动脱扣的断路器重新闭合，应先将手柄拉向“分”字处，使断路器再脱扣，然后将手柄推向“合”字处，即断路器闭合。

（2）装在断路器中的过电流脱扣器，用于调整牵引杆与双金属片间距离的调节螺钉不得任意调整，以免影响脱扣器动作而发生事故。

（3）当断路器过电流脱扣器的整定电流与使用场所设备电流不相符时，应检验设备，重新调整后，断路器才能投入使用。

（4）断路器在正常情况下应定期维护，转动部分不灵活时，可适当加滴润滑油。

（5）断路器断开短路电流后，应立即进行以下检查：

①上、下触头是否良好，螺钉、螺母是否拧紧，绝缘部分是否清洁，发现有金属粒子残渣时应清除干净。

②灭弧室的栅片间是否短路，若被金属粒子短路，应用锉刀将其清除，以免再次遇到短路时影响断路器可靠分断。

③过电流脱扣器的衔铁，是否可靠地支撑在铁心上，若衔铁滑出支点，应重新放入，并检查是否灵活。

④当开关螺钉松动，造成分合不灵活时，应将开关打开进行检查维护。

⑤热脱扣器出厂整定后不可改动。

⑥断路器因过载脱扣后，经1～3min的冷却，可重新闭合合闸按钮继续工作。

⑦因选配不当，采用了低额定电流的热脱扣器的断路器所引起的经常脱扣，应更换额定电流较大的热脱扣器的断路器，不能将热脱扣器同步螺钉旋松。

二、万能式断路器的运行维护

1. 运行中的检查

（1）负载电流是否符合断路器的额定值。

（2）过载的整定值与负载电流是否配合。

（3）连接线的接触处有无过热现象。

（4）灭弧栅有无破损和松动现象。

（5）灭弧栅内是否有因触头接触不良而发出的放电响声。

（6）辅助触头有无烧蚀现象。

（7）信号指示与电路分、合状态是否相符。

（8）失压脱扣线圈有无过热现象和异常声音。

（9）磁铁上的短路环绝缘连杆有无损伤现象。

（10）传动机构中连杆部位开口销子和弹簧是否完好。

（11）电磁铁合闸机构是否处于正常状态。

2. 使用维护事项

（1）在使用前应将电磁铁工作极面的锈油抹净。

（2）机构的摩擦部分应定期涂以润滑油。

（3）在断路器分断短路电流后，应检查其触头（必须将电源断开），并将断路器上的烟痕抹净。在检查触头时应注意：

①如果在触头接触面上有小的金属粒，应用锉刀将其清除并保持触头原有形状

不变。

②如果触头的厚度小于 1mm（银钨合金的厚度），必须更换和进行调整，并保持压力符合要求。

③清理灭弧室两壁烟痕，如灭弧片烧坏严重，应予更换，甚至更换整个灭弧室。

④在检查及调整完毕触头后，应对断路器的其他部分进行检查。

⑤检查传动机构动作的灵活性。

⑥检查断路器的自由脱扣装置。当自由脱扣机构扣上时，传动机构应带动触头系统一起动作，使触头闭合。当脱扣后，使传动机构与触头系统解脱联系。

⑦检查各种脱扣器装置，如过电流脱扣器、欠压脱扣器、分励脱扣器等。

三、低压断路器常见故障及处理方法

表 4-1 所列为低压断路器的常见故障、故障原因及处理方法。

表 4-1　低压断路器的常见故障、故障原因及处理方法

故障现象	故障原因	处理方法
不能合闸	1. 欠压脱扣器无电压或线圈损坏 2. 储能弹簧变形 3. 反作用弹簧力过大 4. 机构不能复位再扣	1. 检查施加电压或更换线圈 2. 更换储能弹簧 3. 重新调整 4. 调整再扣接触面至规定值
电流达到整定值，断路器不动作	1. 热脱扣器金属损坏 2. 过电流脱扣器的衔铁距离太大或电磁线圈损坏 3. 主触头熔焊	1. 更换双金属片 2. 调整衔铁与铁心的距离或更换断路器 3. 检查原因并更换主触头
启动电动机时，断路器立即断开	1. 过电流脱扣器瞬时动作整定值过小 2. 过电流脱扣器某些零件损坏	1. 调高整定值至规定值 2. 更换脱扣器

技能训练　低压断路器脱扣器动作时间和电流的测定

一、实训目的

（1）了解低压断路器的结构、接线和操作方法。

（2）了解低压断路器的脱扣特性。

二、实训器材

实训器材见表 4-2。

表 4-2　　　　实 训 器 材

序号	名称	型号规格	数量
1	低压断路器	DW15 型、DZ10 型	各 1 台
2	调压器	19kVA	1 台
3	电流互感器	100/5	1 台
4	电秒表	401 型	1 块
5	电流表	2A	1 块
6	刀开关	HK2-15/3	1 台
7	交流接触器	CJ20-10	1 台
8	熔断器	RL1-15	3 台
9	常用电工工具		1 套
10	连接导线	BVR 2.5	若干

三、实训电路

实训电路如图 4-5 所示。

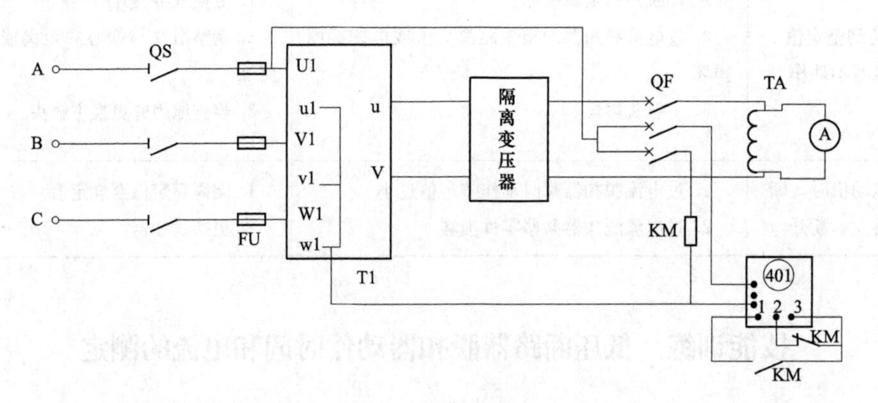

图 4-5　实训电路

QS—刀开关；A—电流表；FU—熔断器；T1—调压器；QF—断路器；TA—电流互感器；KM—交流接触器；401—电秒表

接线注意事项：

(1) 三相调压器一次侧端子接成一点。

(2) 本实训电路用交流接触器控制，采用一开一闭触头。

(3) 交流接触器和电秒表的工作电压为380V。

(4) 如果KM不吸合、电秒表指示灯暗，要测量电压。

(5) 因为三相断路器动作同期，在此只接一相测量电流，另外两相分别接电秒表和接触器。

(6) 通过断路器的实际电流为：电流表读数乘以电流互感器变比（100/5）。

(7) 电流表量程选2A。

四、实训内容与步骤

1. DW15型低压断路器

(1) 接线方法：接线端子（编号见仪器）51、52、58、59接单相电源；51、52接分励脱扣器电源；58、59接欠压脱扣器电源。

(2) 操作。

①手动合闸。手动逆时针扳120°，锁扣，再顺时针扳120°，断路器合闸。

②手动分闸。按下红色按钮，断路器跳闸。

2. DZ10型低压断路器

(1) 观察外壳，记录铭牌、规格。

(2) 打开塑料盖，观察其内部结构，找出热元件，了解其动作原理。

(3) 进行热脱扣实验。

①按图4-5完成接线，调输出电压为零。

②合电源开关，调节调压器T1，使通过低压断路器的电流分别为11A、13A、15A、20A（注意：调好电流后，用低压断路器断开电路，调压器不归零），断开低压断路器，使电秒表归零。

③合刀开关、低压断路器，电秒表开始计时，直到热脱扣器动作，记录动作时间和电流。

④重复上述内容，取4～5个点，绘制动作特性曲线$T=F(I)$。

五、实训报告及思考题

(1) 记录实训过程，绘制动作特性曲线。

(2) 设计一个电路，进行DW、DZ型断路器的失压、分励脱扣实验。

思考与练习题

4-1　低压断路器在电路中的作用是什么？作为保护装置，它与熔断器有何区别？

4-2　低压断路器在电路中可以起到哪些保护作用？说明各种保护作用的工作原理。

4-3　低压断路器的工作原理是什么？

4-4　低压断路器各个组成部分的作用是什么？

4-5　断路器有哪些脱扣器？各起什么作用？

4-6　低压断路器的主要技术参数有哪些？

4-7　低压断路器操动机构的作用是什么？

4-8　常用的断路器主要有哪些类型？

4-9　按下分励脱扣器后断路器不分闸的原因有哪些？怎么解决？

4-10　塑壳式断路器的结构特点是什么？

4-11　塑壳式断路器型号中字母或数字代表的含义是什么？

4-12　万能式断路器常用型号有哪些？

4-13　DW15 系列万能式断路器的结构特点是什么？

4-14　智能型万能式断路器的优点有哪些？

4-15　低压断路器的选用原则有哪些？

4-16　塑壳式断路器的使用维护事项有哪些？

4-17　万能式断路器的运行维护内容有哪些？

4-18　低压断路器的常见故障有哪些？应怎么处理？

模块5 继 电 器

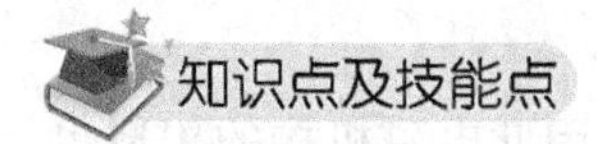

知识点

1. 熟悉继电器的分类、结构、工作原理及技术参数；

2. 掌握常用继电器的用途，能写出其文字符号和图形符号。

技能点

1. 会正确选用常用继电器。

2. 会正确安装维护常用继电器，并能处理其常见故障。

教学单元1 继电器的认知

一、继电器用途和分类

1. 继电器的用途

继电器是一种自动动作的电器，它广泛用于电动机或线路的保护，以及生产过程自动化的控制系统中。继电器一般由承受机构、中间机构和执行机构三部分组成。承受机构反映继电器的输入量（输入量通常是电压、电流等电量，也可以是压力、温度等非电量）并传递给中间机构，将它与预定的量即整定值进行比较，当达到整定值时，中间机构就使执行机构产生输出量，从而接通或断开电路，达到自动控制电路的目的。继电器在电路中起着自动调节、安全保护、转换电路等作用。

2. 继电器的分类

继电器的种类很多，其分类方法也很多。继电器按照工作原理可分为电磁型继电器、感应型继电器、整流型继电器、电动型继电器、热继电器等；按照输入信号的性质可分为电流继电器、电压继电器、时间继电器、速度继电器、压力继电器、温度继电器等；按照用途可分为控制继电器、保护继电器。控制继电器包括中间继电器、时间继电器等，保护继电器包括热继电器、电压继电器和电流继电器等。

以电磁铁为主体的继电器称为电磁型继电器，这种继电器体积较小，构造简单，便于维护，动作灵敏可靠，没有灭弧装置，触头的种类和数量较多，因此它不仅是构成电磁型继电保护装置的主要元件，而且在其他类型（如晶体管型）的继电保护装置中，也常用作装置的出口继电器。

二、电磁型继电器的结构原理

电磁型继电器利用电磁铁的铁心与衔铁间的吸力作用使其可动的机械部分运动，并带动继电器的触头转换，实现输出信号的改变（接通或断开外电路）。其主要结构和工作原理与接触器类似，也是由电磁机构和触头系统等组成的。两者的主要区别在于：继电器可对多种输入量的变化做出反应，而接触器只有在一定的电压信号下才动作；继电器是用于切换小电流的控制电路和保护电路，而接触器是用来控制大电流的电路；继电器没有灭弧装置，也无主、辅触头之分等。

由于各种电磁型继电器的用途不同，所要求的性能也不同，因此电磁机构的构造也不同，通常制成图 5-1 所示的三种形式，即螺管线圈式、吸引衔铁式、转动舌片式。但不论何种形式的电磁型继电器，基本由线圈、衔铁、电磁铁、止挡、动触头、反作用弹簧等部分组成。

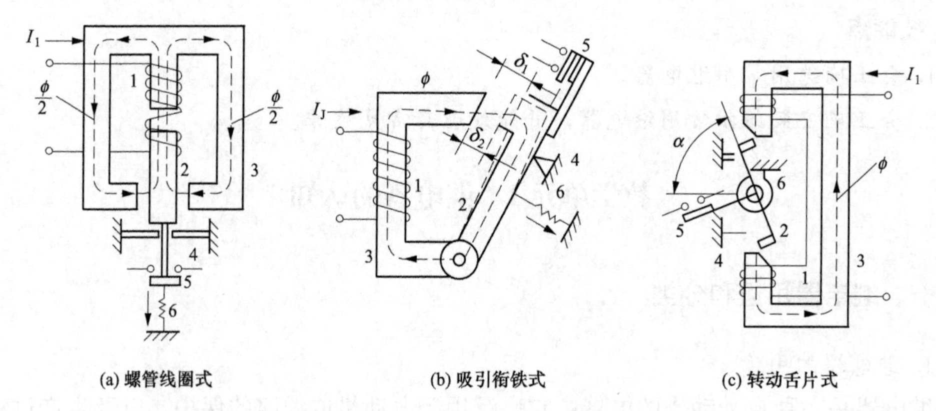

图 5-1　电磁型继电器电磁机构结构图

1—线圈；2—衔铁；3—电磁铁；4—止挡；5—动触头；6—反作用弹簧

三、继电器的型号

继电器的型号表示方法如下：

〔1〕〔2〕－〔3〕

各部分代表的含义如下：

〔1〕表示继电器的工作原理：D—电磁型，G—感应型，L—整流型，B—半导体型，W—微机型，S—数字形。

〔2〕表示物理量类型：L—电流继电器，Y—电压继电器，G—功率型继电器，Z—中间继电器，S—时间继电器，X—信号继电器，T—同步继电器，FL—负序电流继电器，FY—负序电压继电器，CD—差动继电器，CH—重合闸继电器。

〔3〕表示设计序号。

例如，DL-31 型继电器，其中字母 D 代表电磁型，L 代表电流继电器，第一个阿拉伯数字 3 代表设计序号，第二个数字 1 代表有一对常开触头（2 代表一对常闭触头，3

代表一对常开、一对常闭触头)。

四、继电器的主要技术参数

根据继电器的作用，要求继电器反应灵敏准确、动作迅速、工作可靠、结构坚固、使用耐久。其主要技术参数如下：

(1) 额定参数：指继电器的工作电压(电流)、动作电压(电流)和返回电压(电流)，该参数视不同控制继电器的功能和特性而不同。

(2) 动作时间和返回时间：按继电器动作快慢一般分为快动作、正常动作、延时动作三种。快动作的继电器其固有动作时间小于0.05s。

(3) 整定参数：即继电器的动作值，大部分控制继电器的参数是可调的。

(4) 灵敏度：通常指一台按要求整定好的继电器能被吸动时所必需的最小功率和安匝数。比较继电器的灵敏度，应以消耗功率大小为依据。

(5) 返回系数：在实际应用中，对各类继电器的返回系数有一定的要求，采用特殊结构的电磁机构，电压或电流继电器的返回系数可以达到0.65。

(6) 触头的接通和分断能力：电磁式继电器触头的通断能力与被控制对象的容量及使用条件有关，它是正确选择继电器的主要依据之一。

(7) 使用寿命：机械寿命及电气寿命是电磁式继电器的主要指标之一，自动化生产控制系统中操作频率的不断提高，要求控制继电器有较长的机械寿命和电寿命，并要求有足够的可靠性。

(8) 额定工作制：生产设备有长期连续工作制(工作时间超过8h)、8h工作制(工作时间不超过8h)、反复短时工作制及短时工作制四种。工作制不同对继电器的过载能力要求也不同。

五、继电器的选择

1. 按使用环境选择继电器

使用环境条件主要指温度、湿度、低气压、振动和冲击。此外，还有封装方式、安装方法、外形尺寸及绝缘性等要求。由于材料和结构不同，继电器承受的环境力学条件各异，超过产品标准规定的环境力学条件下使用，有可能损坏继电器，可按整机的环境力学条件或高一级的条件选用。

2. 按输入信号不同选择继电器

按输入信号是电、温度、时间、光信号确定选用电磁、温度、时间、光电型继电器。需要特别说明：选用电压继电器、电流继电器时，若整机供给继电器线圈的是恒定的电流应选用电流继电器，是恒定的电压则选用电压继电器。

3. 按额定工作电压和额定工作电流选择继电器

继电器在相应使用类别下，触头的额定工作电压和额定工作电流表征该继电器触头所能切换电路的能力。选择时，继电器的最高工作电压可为该继电器额定绝缘电压；继电器的最高工作电流一般应小于该继电器的额定发热电流。值得注意的是，目前大多样本或铭牌上，标明的往往是该继电器的额定发热电流，而不是额定工作电流，这在选择时应加以区别，否则会影响继电器的使用寿命，甚至会烧坏触头，使其不能工作。

4. 按负载情况选择继电器触头的种类和容量

国内外长期实践证明，约70%的故障发生在触头上，所以正确选择和使用继电器触头非常重要。

触头组合形式和触头组数应根据被控回路实际情况确定，常开触头组和转换触头组中的常开触头，由于接通时触头回跳次数少、触头烧蚀后补偿量大，其负载能力和接触可靠性较常闭触头组和转换触头组中的常闭触头对高，所以尽量多用常开触头。

根据负载容量大小和负载性质确定参数十分重要。继电器切换负荷在额定电压下，电流大于100mA、小于额定电流的75%最好。电流小于100mA会使触头积炭增加，可靠性下降，故100mA称为试验电流，是国内外专业标准对继电器生产厂工艺条件和水平的考核内容。

六、继电器的安装和运行维护

对继电器而言，最重要的是可靠运行和动作准确，这不仅仅取决于产品本身的性能，而且与产品是否正确选用及合理维护关系密切。

1. 安装前的检查

安装前应检查：①按控制线路和设备的技术要求，仔细核对继电器的铭牌数据，如线圈的额定电压、额定电流、整定值及延时等参数是否符合要求；②检查继电器的活动部分是否动作灵活、可靠，壳体及外罩是否有损坏或缺件等情况；③去除部件表面污垢，以保证运行的可靠。

2. 安装及接线的检查

安装及接线应检查以下几条：①安装接线时，应检查接线是否正确，使用的导线是否适宜，所有安装，接线螺钉都应拧紧。②对于电磁式继电器，应在触头不带电的情况下，使线圈带电操作几次，观察继电器的动作是否可靠；对于要求较严的时间控制，也要相应通电校验，有条件或有必要时，可进行回路的统一调试，以便对各元件进行检查和调整。③对于保护用继电器，如过电流继电器、欠电压继电器等，应再次检查其整定值是否合乎要求，待确认或调整准确后，方可投入运行，以保证对电路及设备的可靠保护。

3. 运行维护

运行和维护继电器时要做好以下几点：

(1) 定期检查继电器各零部件是否有松动、损坏、锈蚀；活动部分是否有卡住现象，如有应及时修复或更换。

(2) 继电器触头应保持清洁和接触可靠。在触头磨损至三分之一厚度时，需考虑更换。若有较严重的烧损、起毛刺等现象，可用小锉刀锉修，并用酒精擦净表面，切忌用砂纸打磨。在触头处理过后，应注意调整好触头参数。

(3) 继电器整定值的调整，应在线圈工作温度下进行，防止冷态和热态下对动作值产生的影响。

(4) 应经常注意环境条件的变化，若发生温度的急剧变化、空气湿度的改变、冲击振动条件的变化，以及有害气体或尘埃的侵袭等不符合继电器使用环境的情况，均要给予可靠的防护，保证继电器工作的可靠性。

(5) 经常监测继电器的工作情况，及时处理各种异常工作状态。

教学单元2 电流继电器

电流继电器根据电路中电流的大小来控制电路的接通或断开，输入的信号是电流。电流继电器的种类很多，但是基本结构类同。在电流保护中常用DL-10系列电流继电器，其结构如图5-2 (a) 所示。电流继电器的线圈（直接或通过电流互感器）串接在被测电路中，作为电流保护的启动元件，用来判断被保护对象的运行状态。为使串入电流继电器后不影响电路的工作，其线圈的阻抗小、导线较粗、匝数少。电磁式电流继电器是一种转动舌片式的继电器，铁心上有两个电流线圈，以便于根据需要进行串联或并联。

电流继电器按线圈电流种类有交流电流继电器与直流电流继电器；按吸合电流大小可分为过电流继电器和欠电流继电器两种。

过电流继电器在正常工作时，线圈中通过正常的负荷电流，继电器不动作，即衔铁不吸合。当线圈电流超过正常的负荷电流，达到某一整定值时，电磁力克服反作用弹簧（游丝）的反力矩，使Z形衔铁沿顺时针转动，过电流继电器动作，衔铁吸合，于是常开触头闭合，常闭触头断开。有的过电流继电器带有手动复位机构，这种过电流继电器当过电流发生时，过电流继电器动作，衔铁动作。衔铁动作后，即使线圈电流减小到零，衔铁也不会返回，只有当操作人员检查故障并处理故障后，采用手动复位，松掉锁扣机构，这时衔铁才会在复位弹簧作用下返回原位，从而避免重复过电流事故的发生。

过电流继电器线圈中使过电流继电器动作的最小电流，称为过电流继电器的动作电流。过电流继电器动作后，减小其线圈电流到一定值时，衔铁在弹簧作用下返回起始位置。使过电流继电器由动作状态返回起始状态的最大电流，称为过电流继电器的返回电流。过电流继电器的返回电流与动作电流的比值称为过电流继电器的返回系数。

欠电流继电器正常工作时，线圈中通过正常的负荷电流，衔铁吸合。当通过线圈的电流降低到某一整定值时，衔铁动作（释放），同时带动触头动作。

通过旋转整定值调整把手，可以调节反作用弹簧的反力，即可调节动作电流。应该指出：调整把手指示的动作电流值是一个很不准确的值，实际动作电流只有通过计算测量求得。

继电器动作后，衔铁与铁心间的气隙减小，磁通和电磁力矩增加，故只有比动作电流更小时，弹簧才能克服电磁力矩使衔铁返回。对于过量继电器（如过电流继电器），返回电流总是小于动作电流，其返回系数总小于1，一般在0.85以上。

电流继电器采用转动的 Z 形衔铁，其特点是转动惯量少，因而不仅动作功率小，而且由于衔铁极薄，易于饱和，动作后的磁通不会增加太多，故返回电流较大，

实际使用中，转动舌片摩擦阻力的力矩增加，致使继电器的动作电流增大，返回电流减小，因此继电器的返回系数可能减小，因此需要定期测试调整。

电流继电器在电路图中的图形符号如图 5-2（b）所示，文字符号用 KA 表示。

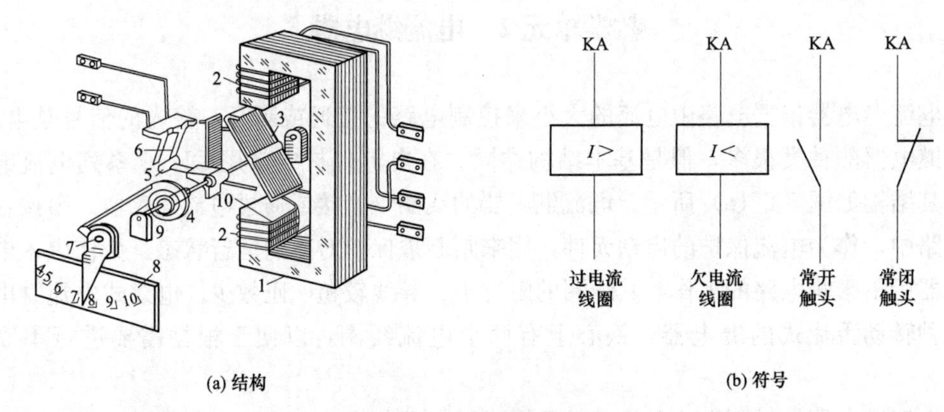

(a) 结构　　(b) 符号

图 5-2　电磁型电流继电器

1—电磁铁；2—线圈；3—Z 形衔铁；4—反作用弹簧；5—动触头；6—静触头；

7—整定值调整把手；8—整定值刻度盘；9—轴；10—止档

继电器的内部接线通常表示在一个方框内，作为一个实例，图 5-3 画出了 DL-10 型继电器的内部接线。图中的矩形小方框表示继电器的线圈，2、6 和 4、8 分别为两个线圈的接线端子。由于电流继电器线圈的容量较小，它通常通过电流互感器反映线路的电流。

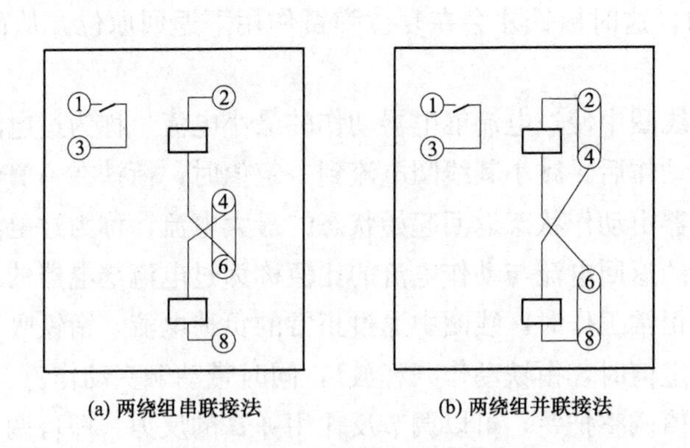

(a) 两绕组串联接法　　(b) 两绕组并联接法

图 5-3　DL-10 型继电器内部接线

通常继电器的机心采用插拔形式固定在底座盘上，继电器的外壳为具有透明塑料盖的胶木或塑料，所以可以从外部观察到继电器的整定范围。检查继电器时，可以卸下外壳，拔出机心。

教学单元3 电压继电器

电压继电器根据电路中电压的大小来控制电路的接通或断开，输入信号是电压，主要用于电路的过电压或欠电压保护，使用时其线圈（直接或通过电压互感器）并联在被测量的电路中，以反映电路电压的变化。这种继电器的线圈阻抗大，导线细，匝数多。

电压继电器按线圈电压的种类可分为交流电压继电器和直流电压继电器；按吸合电压相对于额定电压的大小可分为过电压继电器和欠电压继电器。

过电压继电器在电压为额定电压的105%～120%以上时动作，其工作原理与过电流继电器相似。当过电压继电器线圈电压为额定电压值时，衔铁不产生吸合动作，继电器不动作。只有当线圈电压高出额定电压，达到某一整定值时，继电器动作，衔铁才产生吸合动作，同时带动触头动作。交流过电压继电器在电路中起过电压保护作用，而直流电路中一般不会出现波动较大的过电压现象，因此在产品中没有直流过电压继电器。

过电压继电器的动作电压、返回电压的定义与电流继电器相同，过电压继电器的动作电压高于返回电压，所以其返回系数小于1，一般为0.85～0.95。

欠电压继电器在电压为额定电压的40%～70%时动作，原理与欠电流继电器相似。当欠电压继电器线圈电压达到或大于线圈额定值时，电磁力增大，衔铁被吸合，称为欠电压继电器返回；当线圈电压低于线圈额定电压时，电磁力减小使衔铁立即释放，称为欠电压继电器动作。

可见，欠电压继电器的动作电压、返回电压的定义与电流继电器相反。即欠电压继电器的动作电压为其线圈上使欠压继电器动作的最高电压；返回电压为其线圈上使该继电器由动作状态返回起始位置的最低电压。欠压继电器的动作电压低于返回电压，其返回系数大于1，一般为1.02～1.12。

电压继电器外形如图5-4（a）所示，其在电路图中的图形符号如图5-4（b）所示，文字符号用KV表示。

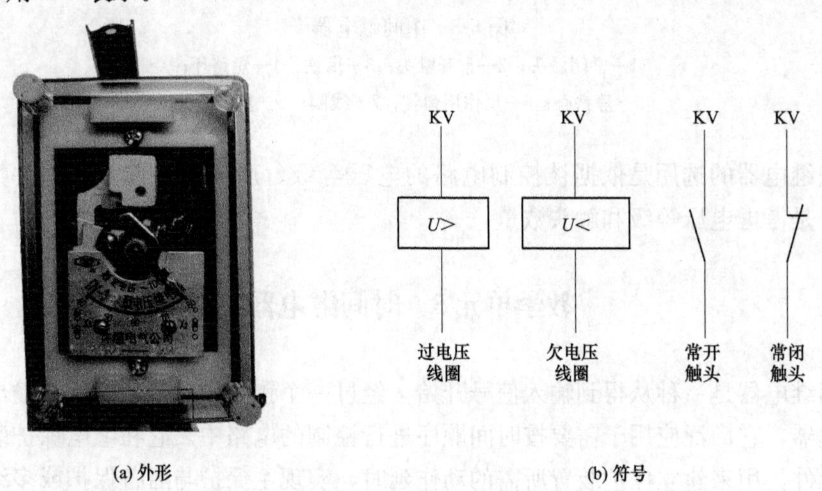

(a) 外形　(b) 符号

图5-4 电压继电器

教学单元 4　中间继电器

中间继电器是将一个输入信号变成一个或多个输出信号的继电器，它是为了增加触头数量和增大触头容量而存在的一种辅助继电器。它的触头较多（可达 8 对），当同时需要控制多个回路时，可利用中间继电器来实现。电流继电器、电压继电器等的触头容量小，不能直接接通断路器跳闸、合闸回路，要经过中间继电器来实现断路器的跳闸、合闸。

中间继电器的输入信号为线圈的通电或断电，输出是触头的动作，它的触头接在其他控制回路中，触头的变化导致控制回路发生变化（如接通或断开），从而实现既定的控制或保护目的。在此过程中，中间继电器主要起了传递信号的作用。有时也利用中间继电器本身的动作时间来获得延时，而省去专门的时间继电器。

中间继电器本质上是一种电压继电器，工作原理和交流接触器相同。其外形、结构如图 5-5（a）、（b）所示，中间继电器在电路图中的图形符号如图 5-5（c）所示，文字符号用 KM 表示。

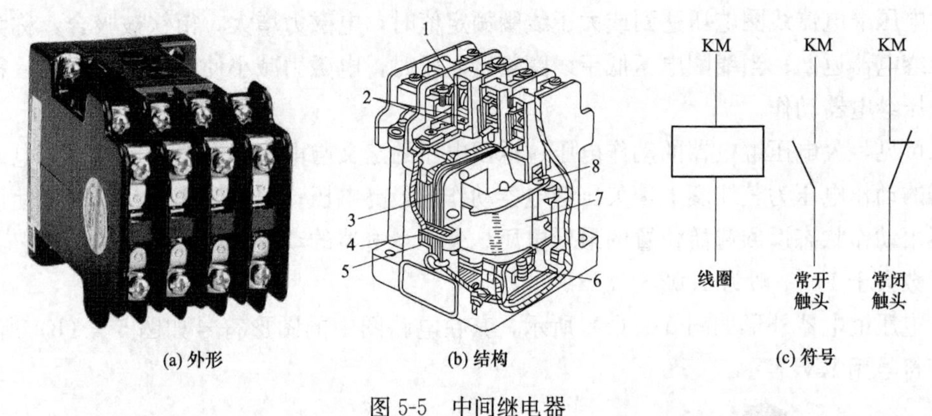

(a) 外形　(b) 结构　(c) 符号

图 5-5　中间继电器

1—常闭触头；2—常开触头；3—衔铁；4—短路环；
5—静铁心；6—反作用弹簧；7—线圈；8—复位弹簧

中间继电器的选用是依据被控制电路的电压等级、所需触头的数量、种类、容量等，主要是考虑电压等级和触头数量。

教学单元 5　时间继电器

时间继电器是一种从得到输入信号开始，经过一个预先设定的延时后才输出信号的辅助继电器，它广泛应用于需要按时间顺序进行控制的电路中。它在继电保护装置中作为延时元件，用来建立保护装置所需的动作延时，实现主保护与后备保护或多级线路保护的选择性配合。时间继电器在电路图中的图形符号如图 5-6（a）、（h）、（i）所示，文字符号用KT表示。

时间继电器从动作原理上分，有电磁式时间继电器、电子式时间继电器、空气阻尼式时间继电器等。其中，电磁式时间继电器的结构简单，价格低廉，但是体积和质量较大，延时时间短，只能用于直流断电延时；电子式时间继电器的延时精度高，延时可调范围大，但结构复杂，价格较高；空气阻尼式时间继电器延时范围大，结构简单，寿命长，价格低，但延时误差大（±10%～±20%）、无调节刻度指示，使整定延时值不精确。

根据延时方式的不同，时间继电器可分为通电延时继电器和断电延时继电器。

对于通电延时继电器，当线圈得电时，其延时常开触头要延时一段时间才闭合，延时常闭触头要延时一段时间才断开。而当线圈失电时，其延时常开触头迅速断开，延时常闭触头迅速闭合。通电延时继电器在电路图中的图形符号如图5-6（b）、（d）、（e）所示。

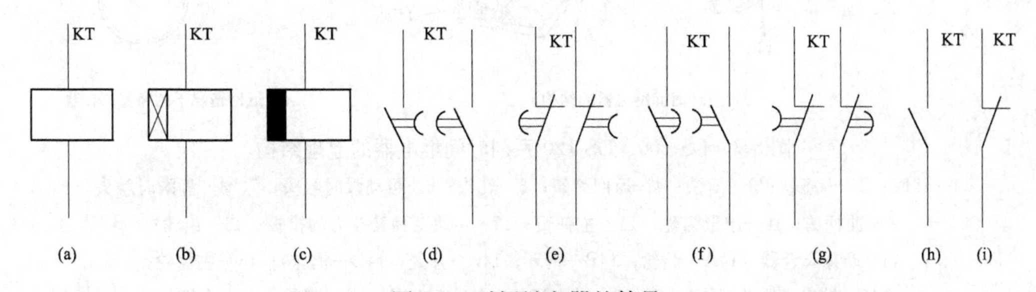

图5-6　时间继电器的符号

（a）线圈的一般符号；（b）通电延时线圈；（c）断电延时线圈；（d）延时闭合常开触头；（e）延时断开常闭触头；（f）延时断开常开触头；（g）延时闭合常闭触头；（h）瞬时常开触头；（i）瞬时常闭触头

对于断电延时继电器，当线圈得电时，其延时常开触头迅速闭合，延时常闭触头迅速断开。而当线圈失电时，其延时常开触头要延时一段时间再断开，延时常闭触头要延时一段时间再闭合。断电延时继电器在电路图中的图形符号如图5-6（c）、（f）、（g）所示。

一、电磁式时间继电器

电磁式时间继电器由一个电磁启动机构带动一个钟表延时机构组成。图5-7为DS-110、DS-120系列时间继电器的原理结构图，它的电磁机构是螺管线圈式结构，线圈接直流电压。当线圈1接入启动电压后，衔铁3即被吸入螺管线圈中，托在衔铁上的曲柄销9被释放，在主弹簧11的作用下，使扇形齿轮10顺时针方向转动，并且带动齿轮13、动触头22及与它同轴的摩擦离合器14也开始逆时针方向转动。摩擦离合器转动后，使外层的钢环紧卡主齿轮15，因此主齿轮就随着转动。此轮带动钟表机构的齿轮16，经钟表机构的中间齿轮17、18，而使擎轮19与卡钉20的齿接触，使之停止转动，但在擎轮的压力下摆卡偏转离开擎轮，所以擎轮就转过一个齿。如此往复进行，就使动触头以恒速转动。经过一定的时间后，动触头 22 与静触头 23 接触，即继电器动作。改变静触头的位置，即改变动触头与静触头之间的距离，就可以调节时间继电器的动作延时。

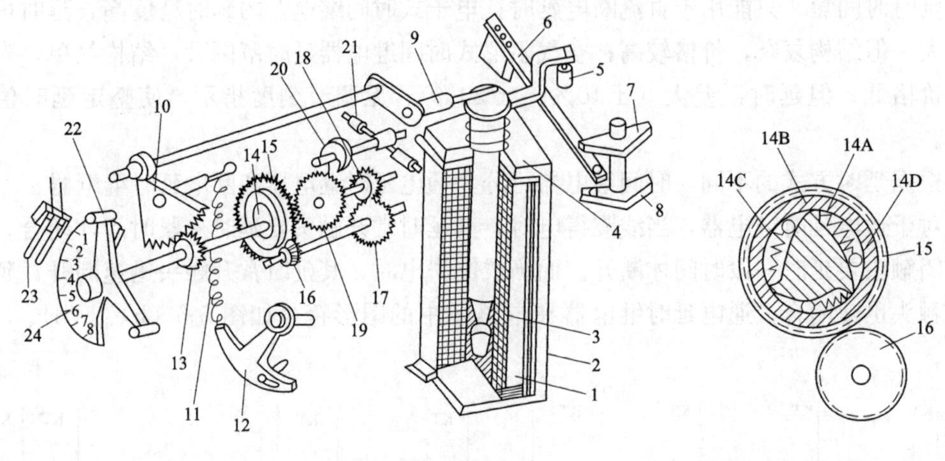

图 5-7　DS-100、DS-120 系列时间继电器的原理结构

1—线圈；2—电磁铁；3—衔铁；4—返回弹簧；5—轧头；6—可动瞬时触头；7、8—静瞬时触头；9—曲柄销；10—扇形齿轮；11—主弹簧；12—可改变弹簧拉力的拉板；13—齿轮；14—摩擦离合器（14A—凸轮；14B—钢环；14C—弹簧；14D—钢珠）；15—主齿轮；16—钟表机构的齿轮；17、18—钟表机构中的中间齿轮；19—掣轮；20—卡钉；21—重锤；22—动触头；23—静触头；24—标度盘

当线圈 1 上的电流消失后，衔铁 3 被返回弹簧 4 顶回原位，曲柄销 9 被衔铁 3 顶回原位，扇形齿轮 10 立刻恢复原位，主弹簧 11 重新拉伸准备下一次动作。因为返回时，主轴顺时针方向转动，同轴的摩擦离合器 14 已与主齿轮 15 离开，故钟表机构（15～21）不起作用，所以时间继电器的返回是瞬时的。

电磁式时间继电器调节延时的方法如下：

（1）在衔铁和铁心的接触处垫以非磁性垫片，既能调节延时，又能减小剩磁，防止衔铁被剩磁吸住不放。

（2）改变电磁机构反作用弹簧反力的大小来改变延时。

（3）在同一磁路中套上一个阻尼筒，可以获得延时。

（4）短接线圈，获得延时。

二、空气阻尼式时间继电器

以 JS7-A 系列空气阻尼式时间继电器为例，其外形及结构如图 5-8 所示。

空气阻尼式时间继电器主要由以下几个部分组成：

（1）电磁机构：由线圈、铁心和衔铁组成。

（2）触头系统：包括两对瞬时触头（一常开、一常闭）和两对延时触头（一常开、

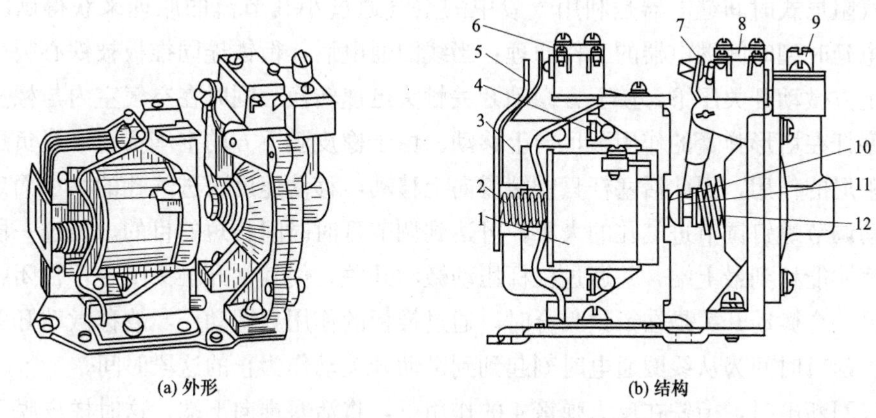

图 5-8　JS7-A 系列时间继电器

1—线圈；2—反力弹簧；3—衔铁；4—静铁心；5—弹簧片；6—瞬时触头；7—杠杆；
8—延时触头；9—调节螺钉；10—推杆；11—活塞杆；12—塔形弹簧

一常闭)，瞬时触头和延时触头分别是两个微动开关的触头。

(3) 空气室：空气室为一空腔，由橡皮膜、活塞组成。橡皮膜可随空气的增减而移动，顶部的调节螺钉可调节延时时间。

(4) 传动机构：由推杆、活塞杆、杠杆及各种类型的弹簧组成。

(5) 基座：用金属板制成，用以固定电磁机构和空气室。

图 5-9 为 JS7-A 系列空气阻尼式时间继电器的结构原理图，其中图 5-9 (a) 所示为通电延时型，图 5-9 (b) 所示为断电延时型。

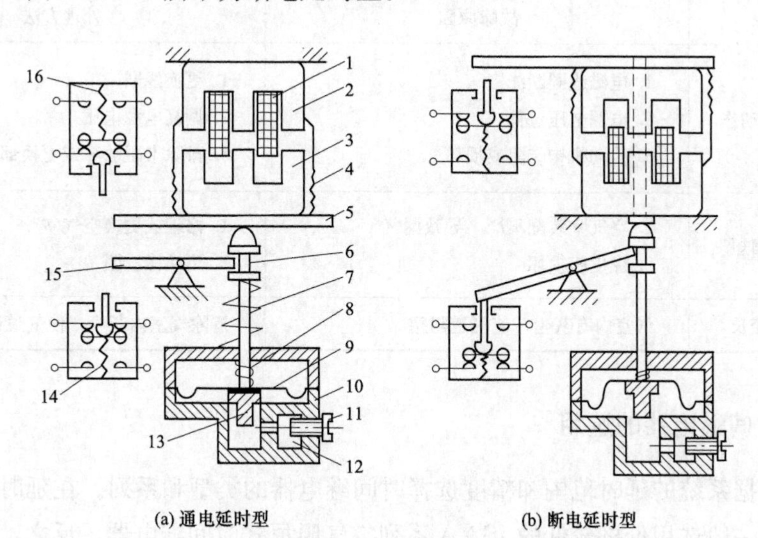

图 5-9　空气阻尼式时间继电器的结构原理图

1—线圈；2—铁心；3—衔铁；4—反作用弹簧；5—推板；6—活塞杆；
7—塔形弹簧；8—弱弹簧；9—橡皮膜；10—空气室壁；11—调节螺钉；
12—进气孔；13—活塞；14、16—微动开关；15—杠杆

空气阻尼式时间继电器是利用气囊中的空气通过小孔节流的原理来获得延时动作的，通电延时型时间继电器的工作原理：当线圈通电后，衔铁连同推板被铁心吸引向上吸合，上方微动开关压下，使上方微动开关触头迅速转换。同时在空气室内与橡皮膜相连的活塞杆在塔形弹簧的作用下也向上移动。由于橡皮膜下方的空气稀薄形成负压，起到空气阻尼的作用，因此活塞杆只能缓慢向上移动，移动速度由进气孔的大小而定，可通过旋动调节螺钉调节进气孔的大小，可达到调节延时时间长短的目的。经过一段延时后，活塞才能移到最上端，并通过杠杆压动微动开关，使其常开触头闭合，常闭触头断开。而另一个微动开关是在衔铁吸合时，通过推板的作用立即动作，故称微动开关为瞬动触头。延时时间为从线圈通电时刻起到到微动开关动作为止的这段时间。

当线圈断电时，衔铁在反力弹簧 4 的作用下，将活塞推向下端，这时橡皮膜下方空气室内的空气通过橡皮膜 9、弱弹簧 8 和活塞 13 的局部所形成的单向阀，迅速将空气排掉，使微动开关 14、16 的触头均瞬时复位。断电延时型和通电延时型时间继电器的组成元件是通用的，其工作原理相似。只需将通电延时型时间继电器的电磁机构翻转 180°安装即成为断电延时型，其微动开关是在线圈断电后延时动作的。

空气阻尼式时间继电器的延时时间为 0.4～180s，但精度不高。

三、时间继电器常见故障及处理方法

表 5-1 所列为 JS7-A 系列时间继电器的常见故障、故障原因及处理方法。

表 5-1　　JS7-A 系列时间继电器的常见故障、故障原因及处理方法

故障现象	故障原因	处理方法
延时触头不动作	1. 电磁线圈断线 2. 电源电压过低 3. 传动机构卡阻或损坏	1. 更换线圈 2. 调高电源电压 3. 排除卡阻故障或更换部件
延时时间缩短	1. 空气室装配不严，导致漏气 2. 橡皮膜损坏	1. 修理或更换空气室 2. 更换橡皮膜
延时时间变长	气室内有灰尘，使气道阻塞	清除气室内灰尘，使气道通畅

四、时间继电器的选用

（1）根据系统的延时范围和精度选择时间继电器的类型和系列。在延时精度要求不高的场所，一般选用价格较低的 JS7-A 系列空气阻尼式时间继电器。反之，对精度要求高的场所，可选用性能更好的继电器。

（2）根据控制线路选择时间继电器线圈的电压。

（3）根据控制线路的要求选择时间继电器的延时方式。同时，还必须考虑线路对瞬时动作触头的要求。

五、时间继电器的安装与使用

（1）时间继电器应按说明书规定的方向安装，无论是通电延时型还是断电延时型，都必须使继电器在断电时衔铁的运动方向垂直向下，其倾斜度不得超过5°。

（2）时间继电器金属底板上的接地螺钉必须与接地线可靠连接。

（3）时间继电器的整定值，应在不通电时整定好，并在使用时校正。

（4）通电延时型和断电延时型可在整定时间内自行调换。

（5）使用时，应经常清除灰尘及油垢，否则延时误差将更大。

教学单元6　信号继电器

信号继电器的作用是，当保护装置动作时，明显标示出继电器或保护装置的动作状态，以便分析保护动作行为和电力系统故障性质。继电器动作时，本身有机械指示（掉牌），同时它的自保持触头接通有关灯光或音响报警回路；只能由值班人员手动复归或电动复归。由于保护装置的操作电源一般采用直流电源，因此信号继电器多为电磁式直流继电器。

图5-10所示的DX-11系列信号继电器的工作原理是，当线圈2未通电时，衔铁3受弹簧7的作用而离开铁心1，衔铁托住信号掉牌6，不发出信号。当线圈通电吸动衔铁时，信号掉牌因失去支持而下落（掉牌），同时固定在转轴上的动触头4与静触头5接触并保持，从而接通灯光或音箱信号回路，便可确认是哪一种保护装置动作。只有当运行值班人员转动手动复归把手8时，才能将信号掉牌重新恢复到水平位置，由衔铁3支持，准备下一次动作。

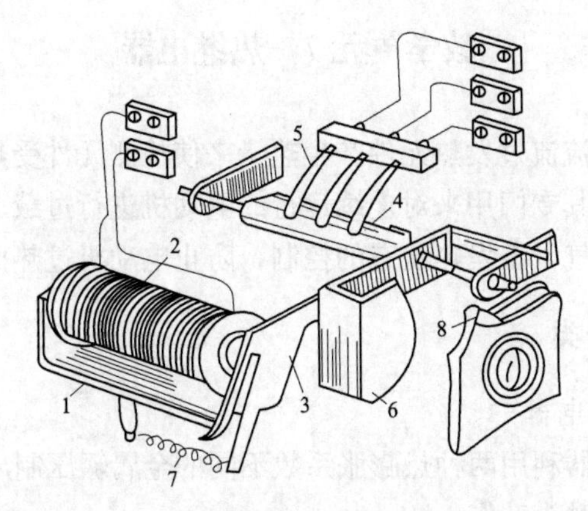

图5-10　DX-11系列信号继电器原理接线图

1—铁心；2—线圈；3—衔铁；4—动触头；5—静触头；6—信号掉牌；7—弹簧；8—复归把手

因为信号继电器有电流型和电压型两种，因此其接线方式也有两种。电流型信号继电器应串联接入电路，电压型应并联接入电路，如图5-11所示。

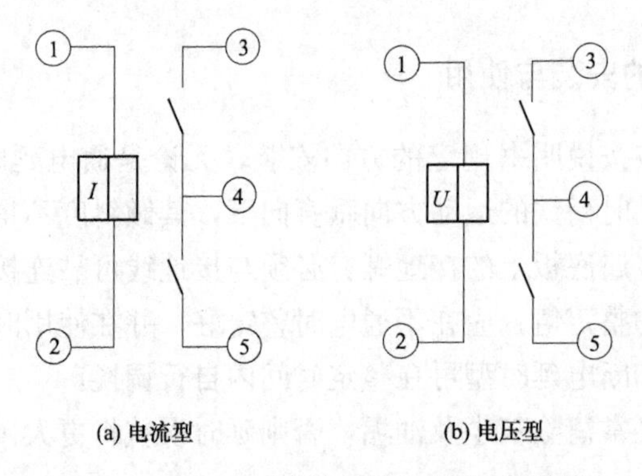

(a) 电流型　　(b) 电压型

图 5-11　DX-11 系列信号继电器内部接线图

常用的信号继电器除 DX-11 型以外，还有 DX-31、DX-32 系列等。DX-31 型信号继电器的机械指示装置不是掉牌，而是利用弹簧将指示装置弹出，复归时用手按下即可；DX-32 型信号继电器具有灯光信号，由电压线圈保持，电动复归。

信号继电器在电路图中的图形符号如图 5-12 所示，文字符号用 KS 表示。

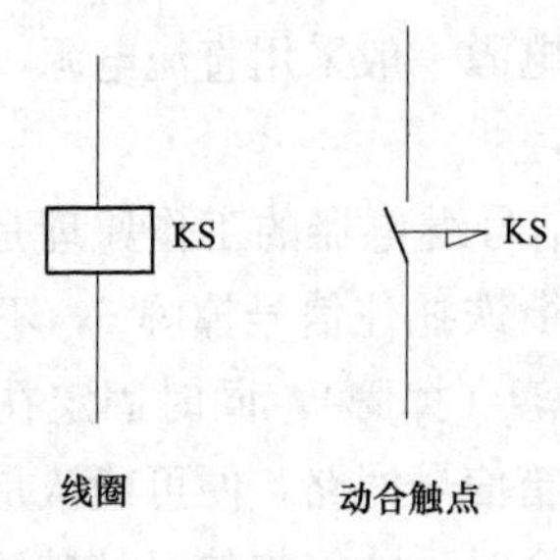

线圈　　动合触点

图 5-12　信号继电器的符号

教学单元 7　热继电器

热继电器是利用电流流过发热元件产生热量来使检测元件受热弯曲，进而推动机构动作的一种保护电器。其专门用来对连续运行的电动机进行过载、断线、三相电流不平衡运行的保护及其他电气设备发热状态的控制，防止电动机过热而烧毁。

一、热继电器的分类

1. 双金属片式热继电器

双金属片式热继电器利用两种热膨胀系数不同的金属辗压制成的双金属片受热弯曲去推动杠杆，从而带动触头动作。

双金属片式继电器可按下述方法分类。

(1) 按极数分：双金属片式热继电器可分为单极、双极和三极。其中三极的又包括带有断相保护装置和不带有断相保护装置的。

(2) 按复位方式分：双金属片式热继电器可分为能自动复位（触头断开后能自动返回到原来的位置）和能手动复位的。

(3) 按电流调节方式分：双金属片式热继电器可分为有电流调节和无电流调节（利用更换热元件来达到改变整定电流）的。

(4) 按温度补偿分：双金属片式热继电器可分为带温度补偿和不带温度补偿的。

2. 热敏电阻式热继电器

热敏电阻式热继电器是利用电阻值随温度变化而变化的特性制成的热继电器。

3. 易熔合金式热继电器

易熔合金式热继电器利用过载电流的热量使易熔合金达到某一温度值，合金熔化而使继电器动作。

在上述三种分类中，以双金属片式热继电器应用最多。

二、双金属片式热继电器的结构和工作原理

图 5-13 (a) 所示为双金属片式热继电器的外形，它主要由热元件、动作机构、触头系统、复位机构和温度补偿元件组成，除图中所示部分外，还有电流整定装置、外壳等部件。热继电器在电路图中的图形符号如图 5-13 (b) 所示，文字符号用FR表示。

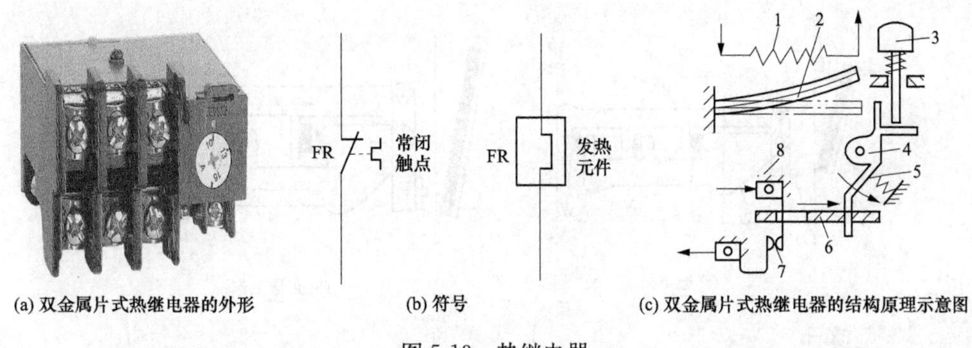

(a) 双金属片式热继电器的外形　(b) 符号　(c) 双金属片式热继电器的结构原理示意图

图 5-13 热继电器

1—热元件；2—双金属片；3—复位按钮；4—导杆；5—拉簧；6—连杆；7—常闭触头；8—接线端子

(1) 热元件。热元件是热继电器的主要组成部分，由主双金属片和绕在外面的电阻丝组成。主双金属片是由两种热膨胀系数不同的金属片复合而成的，金属片的材料多为铁镍铬合金和铁镍合金。电阻丝一般用康铜或镍铬合金等材料制成。

(2) 动作机构和触头系统。动作机构利用连杆传递及瞬跳机构来保证触头动作的迅速、可靠。触头为一对常开、一对常闭。

(3) 复位机构。复位机构可根据使用要求通过复位调节螺钉来自由调整选择，一般自动复位的时间不大于 5min，手动复位时间不大于 2min。

(4) 温度补偿元件。温度补偿元件也是双金属片，其受热弯曲的方向与主双金属片一致，它能保证热继电器的动作特性在－20～＋40℃的温度范围上不受周围介质温度的影响。

(5) 电流整定装置。通过旋钮和电流调节凸轮调节推杆间隙，改变推杆移动距离，从而调节整定电流值。图 5-13 (c) 所示为双金属片式热继电器的结构原理示意图，其

作用原理是，热元件 1 串接于控制电路中，当电路正常运行时，其工作电流通过热元件产生的热量不足以使双金属片 2 因受热而产生变形，热继电器不会动作。当电路发生过电流且超过整定值时，双金属片获得了超过整定值的热量而发生弯曲，使其自由端上翘。经过一定时间后，双金属片的自由端脱离导杆 4 的顶端。导杆在拉簧 5 的作用下偏转，带动连杆 6 使常闭触头 7 打开，从而切断电路的工作电源。同时，热元件也因失电而逐渐降温，热量减少，经过一段时间的冷却，双金属片的自由端返回原来状态，为下次动作做好准备。

双金属片式热继电器在手动位置时，其动作后经过一段时间才能按动手动复位按钮复位；在自动复位位置时，双金属片式热继电器可自行复位。

三、带断相保护的热继电器的工作原理

当三相异步电动机的定子绕组采用三角形联结时，必须采用三相结构带断相保护装置的热继电器。带断相保护的热继电器可对三相异步电动机进行断相保护，其导板为差动机构，如图 5-14 所示。

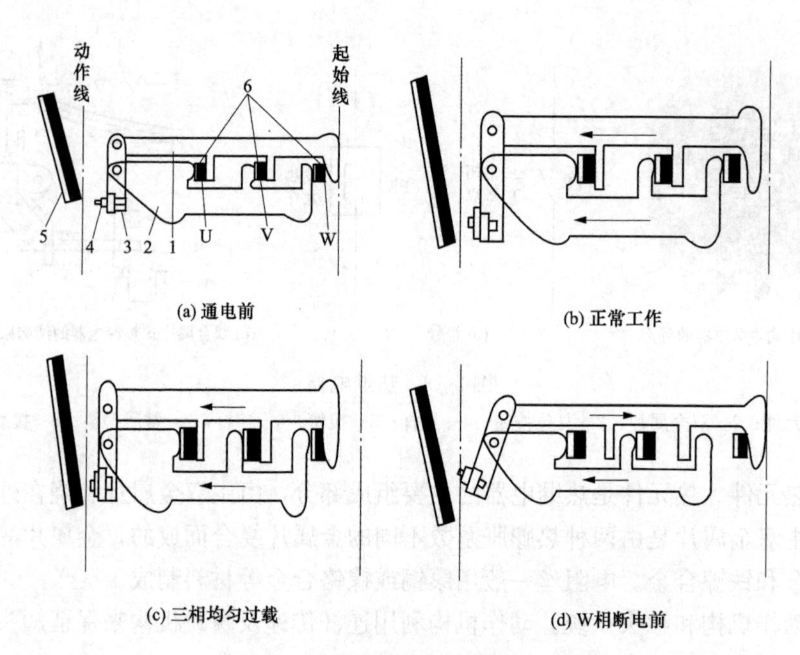

图 5-14　差动式断相保护装置示意图

1—上导板；2—下导板；3—杠杆；4—顶头；5—补偿双金属片；6—主双金属片

差动机构由上导板 1、下导板 2、杠杆 3 和顶头 4 组成，它们之间用转轴连接。图 5-14（a）所示为通电前机构各部件的位置。图 5-14（b）所示为热继电器正常工作时三相双金属片均匀受热而同时向左弯曲，上下导板同时向左平行移动一小段距离，顶头尚未碰到补偿双金属片，热继电器触头不动作。图 5-14（c）所示为三相同时均匀过载，三相双金属片同时向左弯曲，推动上、下导板向左运动，顶头碰到补偿双金属片端部，

热继电器动作，实现过载保护。图5-14（d）所示为一相发生断路的情况，此时断路相的双金属片逐渐冷却，其端部向右移动，推动上导板向右移动，而另外两相的双金属片在电流加热下端部仍向左移动，产生差动作用。通过杠杆的放大作用，迅速推动补偿双金属片，热继电器动作。

由于主双金属片受热膨胀的热惯性及动作机构传递信号的延后作用，热继电器从电动机过载到触头动作需要一定的时间，在电路中不能用于瞬时过载保护。电动机出现严重过载或短路时，热继电器不会瞬时动作，因此热继电器不能做短路保护。也正是热继电器的热惯性和动作机构的延后性，保证了热继电器在电动机启动或短时过载时不会动作，从而满足电动机的运行要求。

四、热继电器的型号及含义

热继电器的型号表示方法如下：

[1] [2] — [3] / [4] [5]

各部分代表的含义如下：

[1] 表示产品名称，用字母JR表示热继电器。

[2] 表示设计序号。

[3] 表示额定电流，单位为A。

[4] 表示极数。

[5] 表示特征代号。

五、热继电器的选用原则及日常维护

1. 热继电器的选用原则

热继电器主要根据所保护电动机的额定电流来确定其规格和热元件的电流等级。

（1）根据电动机的额定电流选择热继电器的规格。一般应使热继电器的额定电流略大于电动机的额定电流。

（2）根据需要的整定电流值选择元件的型号和电流等级。一般情况下，热元件的整定电流为电动机额定电流的0.95～1.05倍，但如果电动机拖动的是冲击性负载或启动时间较长、拖动的设备不允许停电，热继电器的整定电流值可取电动机额定电流的1.1～1.5倍；如果电动机的过载能力较差，热继电器的整定电流可取电动机额定电流的0.6～0.8倍。同时，整定电流应留有一定的上、下限调整范围。

（3）根据电动机定子绕组的联结方式选择热继电器的结构形式，即定子绕组做星形联结的电动机选用普通三相结构的热继电器，而做三角形联结的电动机应选用三相结构带断相保护装置的热继电器。

2. 热继电器的日常维护

（1）热继电器动作后要经过一定的时间，才能按下复位按钮。

（2）当发生短路故障后，要检查热元件和双金属片是否变形，如有不正常情况，应及时调整，但不能将元件拆下，也不能弯折双金属片。

（3）使用中的热继电器应每周检查一次，具体检查热继电器有无过热、异味及放电现象，各部件螺钉有无松动、脱落及接触不良，表面有无破损及清洁与否。

（4）使用中的热继电器应每年检修一次，具体内容：清扫卫生，查修零部件，测试绝缘电阻应大于1MΩ，并通电校验。经校验过的热继电器，除了接线螺钉之外，其他螺钉不要随意变动。

（5）更换热继电器时，新安装的热继电器必须符合原来的规格与要求。

六、热继电器的常见故障及故障处理

表5-2所列为热继电器的常见故障、故障原因及处理方法。

表5-2　热继电器的常见故障、故障原因及处理方法

故障现象	故障原因	处理方法
热元件烧断	1. 负载短路电流过大 2. 操作频率高	1. 排除故障，更换新的热继电器 2. 更换合适参数的热继电器
热继电器不动作	1. 热继电器的额定电流值选用不合适 2. 整定值偏大 3. 动作触头接触不良 4. 热元件烧断或脱焊 5. 动作机构卡住 6. 导板脱出	1. 按保护容量合理选用热继电器 2. 合理调整整定值 3. 消除触头接触不良因素 4. 更换热继电器 5. 清除卡住因素 6. 重新放入导板并调试
热继电器动作不稳定，时快时慢	1. 热继电器内部机构某些部件松动 2. 在检修中弯折了双金属片 3. 通电电流波动太大或接线螺钉松动	1. 将这些部件加以紧固 2. 用两倍电流预试几次或将双金属片拆下来，热处理以去除内应力 3. 检查电源电压或拧紧接线螺钉
热继电器动作太快	1. 整定值偏小 2. 电动机启动时间过长 3. 连接导线太细 4. 操作频率过高 5. 使用场合有强烈冲击和振动 6. 可逆转换频率 7. 安装热继电器处与电动机场所环境温差太大	1. 合理调整整定值 2. 按启动时间要求，选择具有合适的可返回时间的热继电器或在启动过程中将热继电器短接 3. 选用标准导线 4. 更换合适型号的热继电器 5. 选用带防振动冲击的专用热继电器或采取防振动措施 6. 改用其他保护措施 7. 按两地温度情况配置适当的热继电器

续表

故障现象	故障原因	处理方法
主电路不通	1. 热元件烧断 2. 接线螺钉松动或脱落	1. 更换热继电器或热元件 2. 紧固接线螺钉
控制电路不通	1. 触头烧坏或动触头弹性消失 2. 可调整式旋钮转到不合适的位置 3. 热继电器动作后未复位	1. 更换触头或簧片 2. 调整旋钮或螺钉 3. 按动复位按钮

技能训练1 常用继电器的识别与检测

(1) 按表5-3完成相应的任务。

表5-3 时间继电器的识别和操作要点

序号	任务	操作要点
1	识读时间继电器的型号	时间继电器的型号标注在正面（调节螺钉一边）
2	找到整定时间调节旋钮	调节旋钮旁边标有整定时间
3	找到延时常闭触头的接线端子	在气囊上方两侧，旁边有相应符号标注
4	找到延时常开触头的接线端子	在气囊上方两侧，旁边有相应符号标注
5	找到瞬时常闭触头的接线端子	在线圈上方两侧，旁边有相应符号标注
6	找到瞬时常开触头的接线端子	在线圈上方两侧，旁边有相应符号标注
7	找到线圈的接线端子	在线圈两侧
8	识读时间继电器线圈参数	时间继电器线圈参数标注在线圈侧面
9	检测延时常闭触头的接线端子好坏	将万用表置于$R\times1\Omega$挡，欧姆调零后，将两表笔分别搭接在触头两端。常态时，阻值约为0
10	检测延时常开触头的接线端子好坏	将万用表置于$R\times1\Omega$挡，欧姆调零后，将两表笔分别搭接在触头两端。常态时，阻值约为∞
11	检测瞬时常闭触头的接线端子好坏	将万用表置于$R\times1\Omega$挡，欧姆调零后，将两表笔分别搭接在触头两端。常态时，阻值约为0
12	检测瞬时常开触头的接线端子好坏	将万用表置于$R\times1\Omega$挡，欧姆调零后，将两表笔分别搭接在触头两端。常态时，阻值约为∞
13	检测线圈的阻值	将万用表置于$R\times100\Omega$挡，欧姆调零后，将两表笔分别搭接在线圈两端

（2）按表 5-4 完成相应的任务。

表 5-4　　热继电器的识别和操作要点

序号	任务	操作要点
1	识读热继电器的铭牌	铭牌贴在热继电器的侧面
2	找到整定电流调节旋钮	旋钮上标有整定电流
3	找到复位按钮	RESET/STOP
4	找到测试键	位于热继电器前侧下方，TEST
5	找到驱动元件的接线端子	编号与交流接触器相似，1/L1—2/T1，3/L2—4/T2，5/L3—6/T3
6	找到常闭触头的接线端子	编号编在对应的接线端子旁，95—96
7	找到常开触头的接线端子	编号编在对应的接线端子旁，97—98
8	检测常闭触头好坏	将万用表置于 $R\times1\Omega$ 挡，欧姆调零后，将两表笔分别搭接在常闭触头两端。常态时，各常闭触头的阻值约为 0；动作测试键后再测量阻值，阻值为∞
9	检测常开触头好坏	将万用表置于 $R\times1\Omega$ 挡，欧姆调零后，将两表笔分别搭接在常开触头两端。常态时，各常开触头的阻值为∞；动作测试键后再测量阻值，阻值为 0

技能训练 2　时间继电器的测试

一、实训目的

（1）进一步熟悉掌握电磁型时间继电器的工作原理与具体结构。

（2）掌握测试和整定时间继电器的方法。

二、实训器材

实训器材见表 5-5。

表 5-5　　实 训 器 材

序号	名称	型号规格	数量
1	交流接触器	CJ20-10	1 台
2	直流电压表	0～300V	1 台

续表

序号	名称	型号规格	数量
3	变阻器	0～140Ω，2A	1台
4	时间继电器	DS-32型，100V	1台
5	电秒表	401型	1块
6	按钮	LA30	红、绿色各1个
7	熔断器	RL1-15	4个
8	刀开关	交流：HK2P-32/2 直流：HK2-10/2	各1台
9	常用电工工具		1套
10	连接导线	BVR 2.5	若干

三、实训内容

（1）测时间继电器的启动值、返回值，并求返回系数。

（2）测时间继电器的动作时间。

四、实训电路

实训电路如图5-15所示。

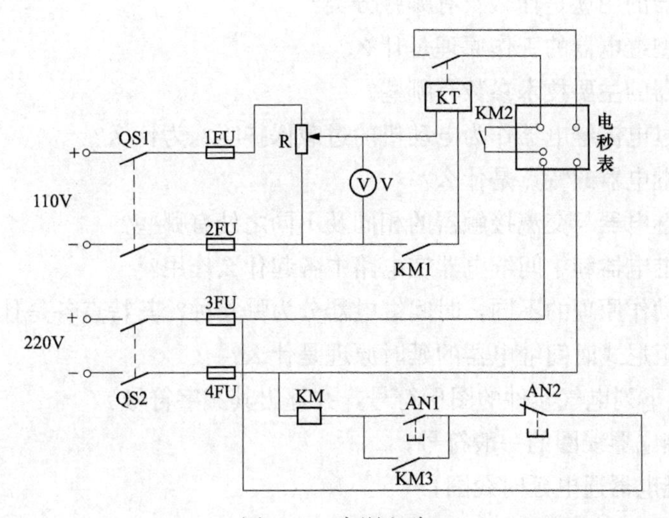

图5-15 实训电路

QS1、QS2—直流和交流电源刀开关；FU—熔断器；KM—接触器；R—变阻器；V—直流电压表；KT—时间继电器；AN1—启动按钮；AN2—停止按钮

五、实训方法要点

（1）检查继电器各部件是否可靠，衔铁活动是否灵活，接点接触是否良好，时间机构走动是否均匀。

（2）按图 5-15 接线，检查无误后，经指导老师允许后进行实训，其中实线框内电路已接好。

（3）合开关 Kl、K2。调节 R，使输出电压为 70%左右的额定电压。用冲击法测启动电压，即按下 AN1，观察继电器是否动作，使衔铁完全被吸合的最低电压值是继电器的启动电压。

（4）衔铁吸合后，逐渐减少电压，能使衔铁返回原始位置的最大电压值，即为返回电压。测两次，将结果记录。

（5）测动作时间：将电秒表的位置切换开关转向“连续”位，将电压调压至额定电压，时间继电器的时间整定在 3s，按下 AN2 读取数值，要求最后的整定值误差不超过±0.07s。

六、分析总结

（1）如果时间继电器动作后，电秒表仍未停，是什么原因？

（2）实验中如何调整整定值？

思考与练习题

5-1　继电器的用途是什么？有哪些分类？

5-2　电磁型继电器的工作原理是什么？

5-3　继电器的主要技术参数有哪些？

5-4　能用过电流继电器作为电动机的过载保护吗？为什么？

5-5　电压继电器的特点是什么？

5-6　中间继电器与交流接触器的相同及不同之处有哪些？

5-7　时间继电器和中间继电器在电路中各起什么作用？

5-8　根据动作原理的不同，时间继电器分为哪几种？其特点各是什么？

5-9　空气阻尼式时间继电器的延时原理是什么？

5-10　画出下列电气元件的图形符号，并标出其文字符号。

（1）时间继电器线圈的一般符号；

（2）时间继电器通电延时线圈；

（3）时间继电器断电延时线圈；

（4）时间继电器延时闭合常开触头；

（5）时间继电器延时断开常闭触头；

（6）时间继电器延时断开常开触头；

(7) 时间继电器延时闭合常闭触头；

(8) 时间继电器瞬时常开触头；

(9) 时间继电器瞬时常闭触头；

(10) 热继电器的常闭触头；

(11) 热继电器的热元件；

(12) 欠电流继电器的常开触头；

(13) 中间继电器的常开触头。

5-11　时间继电器常见故障有哪些？应怎么处理？

5-12　热继电器在电路中的作用是什么？可以起短路保护吗？为什么？

5-13　熔断器和热继电器的保护功能与原理有何异同？

5-14　热继电器常见故障有哪些？应怎么处理？

模块 6　主令电器和刀开关

知识点

1. 熟悉主令电器和刀开关的结构、工作原理及型号；
2. 掌握主令电器和刀开关的用途、分类及电气符号。

技能点

1. 能正确选择和使用主令电器和刀开关；
2. 具有常用主令电器和刀开关安装和故障处理的能力。

主令电器是在自动控制系统中发出指令或作程序控制的电器，使电路接通或分断，以达到控制生产机械的目的。主令电器只能用于控制电路，不能用于通断主电路。常用的主令电器有按钮、位置开关、万能转换开关等。

教学单元 1　按　　钮

一、用途及分类

按钮是一种用人力（一般为手指或手掌）操作，并具有储能复位功能的一种控制开关，通常用来接通和断开电路。按钮的触头允许通过的电流较小，一般不超过 5A，因此一般情况下它不直接控制主电路，而是在控制电路中发出指令或信号去控制接触器、继电器等电器，再由它们去控制主电路的通断、功能转换或电气联锁。

按钮按照其触头的结构不同，可分为：

（1）常开按钮：手指未按下时，触头是断开的；当手指按下时，触头接通。手指松开后，在复位弹簧作用下触头又返回原位断开。它常用作启动按钮（通常为绿色）。

（2）常闭按钮：手指未按下时，触头是闭合的；当手指按下时，触头被断开。手指松开后，在复位弹簧作用下触头又返回原位闭合。它常用作停止按钮（通常为红色）。

（3）复合按钮：将常开按钮和常闭按钮组合为一体。当手指按下时，其常闭触头先断开，然后常开触头再闭合；手指松开后，常开触头先恢复断开，常闭触头再恢复闭合。它常用在控制电路中作电气连锁（通常为蓝色）。

二、结构和原理

按钮一般由按钮帽、复位弹簧、桥式动触头、静触头、支柱连杆及外壳等部分组成，其外形结构如图 6-1 所示。

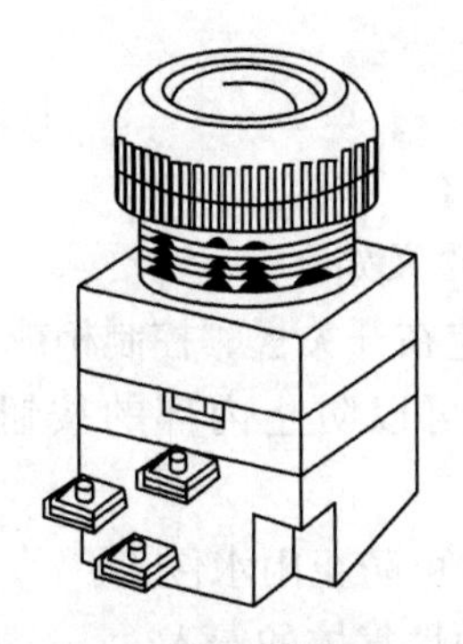

图 6-1　按钮的外形

按钮的原理如图 6-2（a）所示，操作时将按钮帽往下按，桥式动触头随着推杆一起往下移动，常闭静触头先分断，再与常开静触头接通。一旦操作人员的手指离开按钮帽，在复位弹簧的作用下，桥式动触头向上运动，恢复初始位置。

按钮在电路图中的图形符号如图 6-2（b）所示，文字符号用 SB 表示。

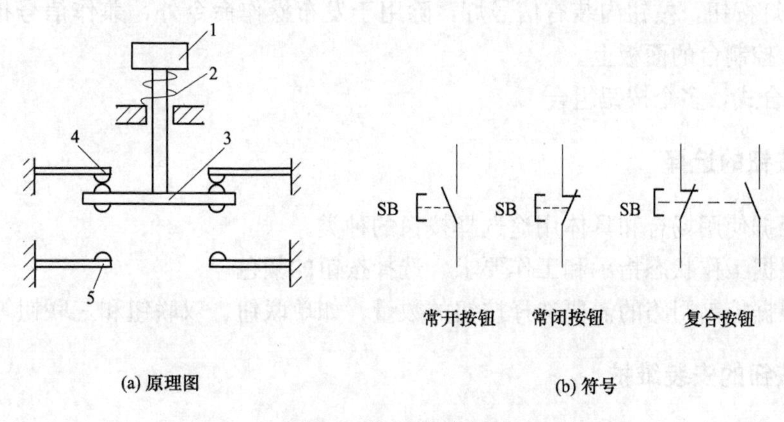

图 6-2　按钮的示意图

1—按钮帽；2—复位弹簧；3—桥式动触头；

4—常闭静触头；5—常开静触头

三、主要技术参数和型号说明

（1）按钮的主要技术要求为规格、结构形式、按钮颜色和触头对数。按钮的结构形式有多种，适合于各种不同的场合；为了操作人员识别，避免发生误操作，生产中用不同的颜色标志来区分按钮的功能及作用，按钮的颜色有红、绿、黑、黄、白、蓝等多种。

（2）按钮的型号表示方法如下：

［1］［2］－［3］［4］［5］

各部分代表的含义如下：

［1］表示产品名称，用字母 LA 表示按钮。

［2］表示设计序号。

［3］表示常开触头数。

［4］表示常闭触头数。

［5］表示结构形式代号。其含义如下：

K—开启式，适用于嵌装固定在开关板、控制柜或控制台的面板上。

H—保护式，带保护外壳，可以防止内部的按钮零件受机械损伤或人触及带电部分。

S—防水式，带密封的外壳，可防止雨水侵入。

F—防腐式，能防止化工腐蚀性气体的侵入。

J—紧急式，作紧急情况切断电源用。

X—旋钮式，用手把旋转操作触头，有通、断两个位置，一般为面板安装式。

Y—钥匙式，用钥匙插入旋转进行操作，可防止误操作或供专人操作。

Z—自持按钮，按钮内装有自持用电磁机构，主要用于发电厂、变电站或试验设备中，操作人员互通信号及发出指令等，一般为面板操作。

D—带灯按钮，按钮内装有信号灯，除用于发布操作命令外，兼作信号指示，多用于控制柜、控制台的面板上。

E—组合式，多个按钮组合。

四、按钮的选择

（1）根据使用场合和具体用途选择按钮的种类。

（2）根据工作状态指示和工作要求，选择按钮的颜色。

（3）根据控制回路的需要选择按钮的数量，如单联钮、双联钮和三联钮等。

五、按钮的安装维护

（1）将按钮安装在面板上时，应布置整齐、排列合理，可根据控制电路的先后顺序，从上到下或者从左到右排列。

（2）同一个系统运动部件的几种不同工作状态，应使每一对相反状态的按钮安装在一组。

（3）为应对紧急情况，当按钮板上安装的按钮较多时，应用红色蘑菇头按钮作为总停止按钮，且应安装在显眼、容易操作的地方。

（4）按钮的安装应固定牢固，接线应可靠。

六、按钮的常见故障及处理方法

表 6-1 所列为按钮的常见故障、故障原因及处理方法。

表 6-1 按钮的常见故障、故障原因及处理方法

故障现象	故障原因	处理方法
触头接触不良	1. 触头烧损 2. 触头表面有污垢 3. 触头弹簧失效	1. 修整触头或更换产品 2. 清洁触头表面 3. 重绕弹簧或更换产品
触头间短路	1. 塑料受热变形导致接线螺钉相碰短路 2. 杂物或油污在触头间形成通道	1. 查明发热原因，排除故障并更换产品 2. 清洁按钮内部

教学单元 2 位置开关

一、用途及分类

位置开关又称限位开关，是一种将机械位移信号转换为电气信号，以控制运动部件位置或行程的自动控制电器。它是一种常用的小电流主令电器，位置开关包括行程开关、微动开关、接近开关等，其中最常见的是行程开关。

行程开关利用生产机械运动部件的碰撞使其触头动作，来实现接通或分断控制电路，使运动机械按一定位置或行程自动停止、反向运动、变速运动或自动往返运动等。

行程开关主要由操作系统、触头系统和外壳等部分组成，其结构如图 6-3 所示。按结构分为直动式（按钮式）、滚轮旋转式、微动式和组合式等，本节主要介绍直动式和滚轮旋转式行程开关。

二、结构和原理

1. 直动式

直动式行程开关的动作原理与按钮类似，所不同的是，按钮是手动，而直动式行程开关则由运动部件上的撞块来操作行程开关的推杆。如图 6-4 所示，外界运动部件上的撞块碰压按钮使其触头动作，当运动部件离开后，在弹簧作用下，其触头自动复位。直动式行程开关虽然结构简单，但是触头的分合速度取决于撞块移动的速度。若撞块移动速度太慢，则触头就不能瞬时切断电路，使电弧在触头上停留时间过长，易于烧蚀触头。因此，这种开关不宜用在撞块移动速度小于 0.4m/s 的场合。

2. 滚动式

为了克服直动式行程开关的缺点，可采用能瞬时动作的滚轮旋转式行程开关，其结构如图 6-5 所示。当滚轮受到向左的外力作用时，上转臂向下方转动，套架向右转动，并压缩右边的弹簧，同时下面的小滑轮 10 也很快沿着触头推杆向右转动，小滑轮滚动又压缩弹簧。当小滑轮走过触头推杆的中点时，盘形弹簧和弹簧都使触头推杆迅速转动，因而使动触头迅速地与静触头分开，并与左边的静触头闭合。这样就减少了电弧对触头的烧蚀，并保证了动作的可靠性，这类行程开关适用于低速运动的机械。

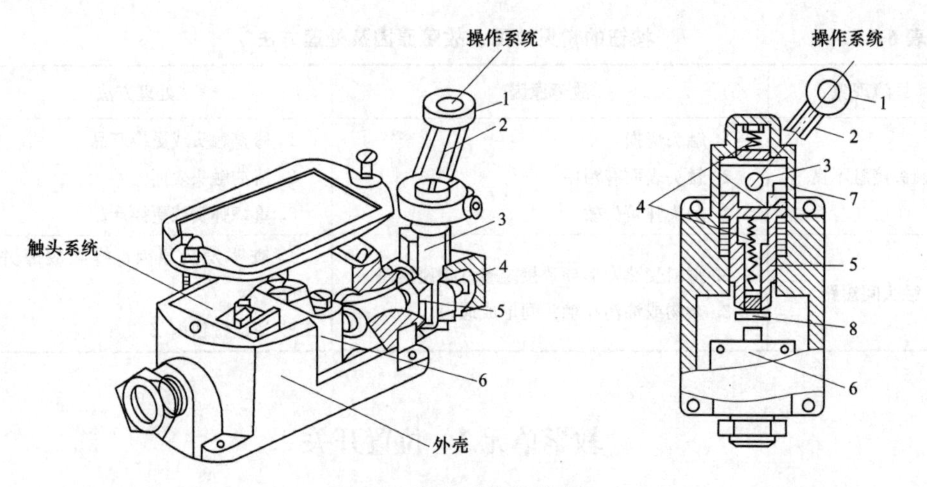

图 6-3 行程开关的结构

1—滚轮；2—杠杆；3—转轴；4—复位弹簧；5—撞块；6—微动开关；7—凸轮；8—调节螺钉

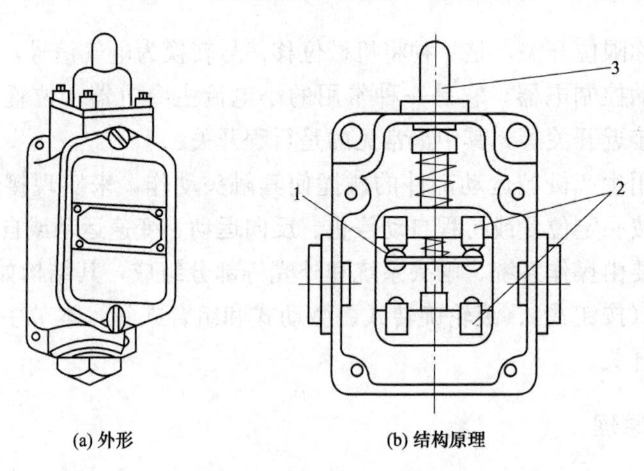

(a) 外形　　(b) 结构原理

图 6-4 直动式行程开关

1—动触头；2—静触头；3—推杆

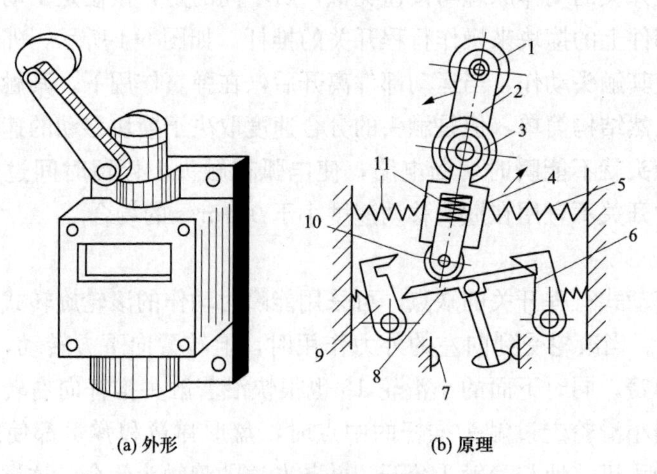

(a) 外形　　(b) 原理

图 6-5 滚轮旋转式行程开关

1—滚轮；2—上转臂；3—盘形弹簧；4—套架；5、11—弹簧；6、9—压板；7—触头；8—触头推杆；10—小滑轮

行程开关在电路图中的图形符号如图 6-6 所示，文字符号用 SQ 表示。

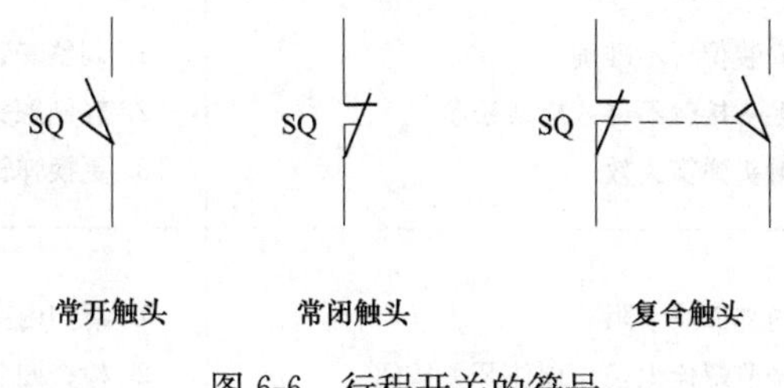

图 6-6　行程开关的符号

三、行程开关的型号及含义

行程开关的型号表示方法如下：

［1］［2］［3］－［4］［5］［6］

各部分代表的含义如下：

［1］表示产品名称，用字母 LX 表示行程开关。

［2］表示设计序号。

［3］表示结构方式：K—开启式，无字母为保护式。

［4］表示滚轮数目：0—无滚轮，1—单滚轮，2—双滚轮。

［5］表示滚轮安装方式：0—直动式，1—滚轮装在传动杆内侧，2—滚轮装在传动杆外侧，3—滚轮装在传动杆凹槽内或内、外各一个。

［6］表示复位情况：1—能自动复位，2—不能自动复位。

行程开关常用的型号有 LX5、LX10、LX19、LX31、LX32 等系列。

四、行程开关的选择

（1）根据使用场合确定行程开关的类型。

（2）根据行程开关的用途选择行程开关触头的类型和数量。

（3）根据行程开关所控制电路的电压和电流，选择其额定电压和额定电流。

五、行程开关的安装与使用注意事项

（1）安装位置要准确，安装要牢固。滚轮的方向不能装反，挡铁与其碰撞的位置应符合控制线路的要求，并确保能可靠地与挡铁碰撞。

（2）倒顺开关接线时，应将开关两侧进出线中的一相互换，并看清开关接线端标记，切忌接错，以免产生电源两相短路故障。

六、行程开关的常见故障及处理方法

表 6-2 所列为行程开关的常见故障、故障原因及处理方法。

表 6-2　　行程开关的常见故障、故障原因及处理方法

故障现象	故障原因	处理方法
挡铁碰撞行程开关后，触头不动作	1. 安装位置不准确 2. 触头接触不良或接线松脱 3. 触头弹簧失效	1. 调整安装位置 2. 轻刷触头或紧固接线 3. 更换弹簧
杠杆已经偏转，或无外界机械力作用，但触头不复位	1. 内部撞块卡阻 2. 调节螺栓太长，顶住开关按钮	1. 清扫内部杂物 2. 检查调节螺栓

教学单元 3　万能转换开关

一、特点及用途

万能转换开关是手动控制电器，由于它的触头挡位多、换接线路多、能控制多个回路，能适应复杂线路的要求，故有“万能”转换开关之称。它具有寿命长、使用可靠、结构简单等优点。其主要用于配电装置的远距离控制、电气控制线路的换接、电气测量仪表的开关转换及小容量电动机的启动、制动、调速和换向的控制等场合。

二、结构

万能转换开关主要由接触系统、操作系统、转轴、定位机构、手柄等主要部件组成，这些部件通过螺栓紧固为一个整体。其外形及结构示意图如图 6-7 所示。

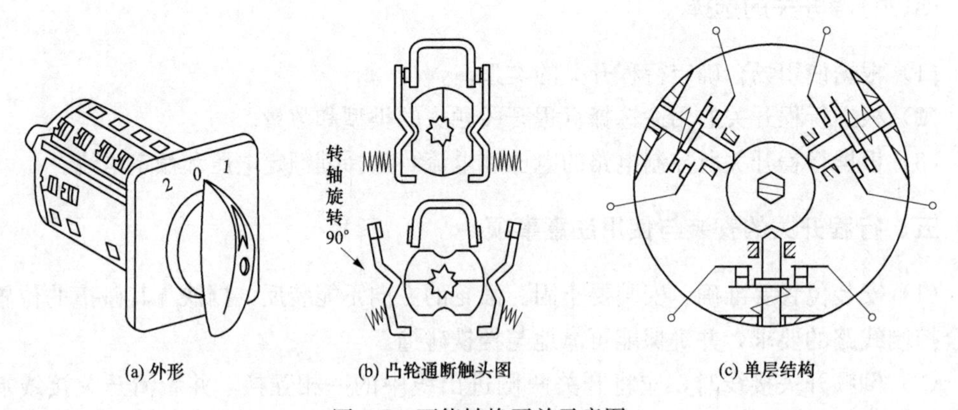

图 6-7　万能转换开关示意图

万能转换开关的接触系统由许多接触元件组成，每一接触元件均有一胶木触头座，中间装有一对或三对触头，分别由凸轮通过支架操作。操作时，手柄带动转轴和凸轮一起旋转，则凸轮即可推动触头，使其按预定的顺序接通或断开电路，如图 6-7

(b) 所示。由于凸轮的形状不同，当手柄处于不同的操作位置时，触头的分合情况也不同，从而达到换接电路的目的。同时万能转换开关有定位和限位机构来保证动作的准确可靠。

万能转换开关在电路图中的图形符号如图 6-8（a）所示，文字符号用 SA 表示。图中“-○ ○-”代表一对触头，每根竖的点画线表示手柄操作的联动线。当手柄置于某一位置上时，就在处于接通状态的触头下方的点画线上标注黑点“•”，没涂黑点表示在该操作位置不通。

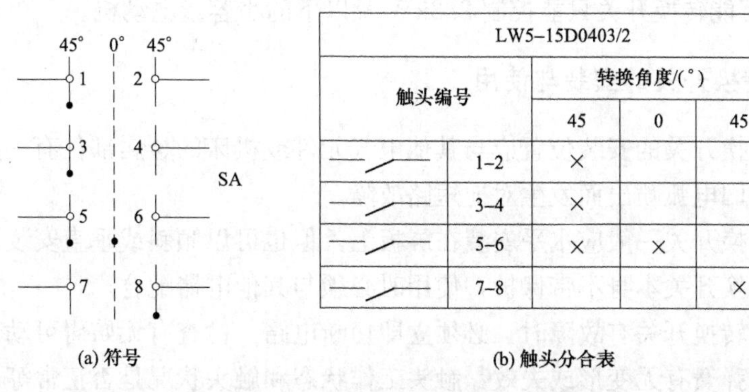

LW5–15D0403/2				
触头编号		转换角度/(°)		
		45	0	45
	1–2	×		
	3–4	×		
	5–6	×	×	
	7–8			×

(b) 触头分合表

图 6-8　LW5 系列万能转换开关示意图

万能转换开关的手柄操作位置是以角度表示的，不同型号的万能转换开关的手柄有不同的触头，但由于其触头的分合状态与操作手柄的位置有关，所以除在电路图中画出触头图形符号外，还应画出操作手柄与触头分合状态的关系，即触头分合表，如图 6-8（b）所示。表中“×”号表示触头闭合，空白表示触头断开。在图 6-8（a）中当万能转换开关打向左 45°时，其触头 1-2、3-4、5-6 闭合，触头 7-8 打开；打向 0°时，只有触头 5-6 闭合，其余打开；打向右 45°时，触头 7-8 闭合，其余打开。

三、主要技术参数和型号说明

万能转换开关的主要技术参数有额定电压、额定电流、手柄形式、触头座数目、触头对数、触头座排列形式、定位特征代号、手柄定位角度等。

万能转换开关型号的表示方法如下：

［1］［2］－［3］/［4］［5］

各部分代表的含义如下：

［1］表示产品名称，用字母 LW 表示万能转换开关。

［2］表示设计序号。

［3］表示触头座数目。

［4］表示定位特征代号。

［5］表示接线图编码。

常用的万能转换开关有 LW8、LW6、LW5、LW2 系列等。

四、万能转换开关的选用原则

万能转换开关主要根据用途、接线方式、所需触头挡数和额定电流来选择。

LW5 系列万能转换开关适用于交流 50Hz、额定电压 500V 以下，直流 400V 以下的电路中，作主电路或电气测量仪表的转换开关及配电设备的遥控开关；该系列万能转换开关的通断能力不高，当用来控制电动机时，只能控制 5.5kW 以下的小容量电动机；该系列转换开关按接触装置的挡数有 1～16 和 18、21、24、27、30 等 21 种。

LW6 系列万能转换开关只能控制 2.2kW 及以下的小容量电动机。

五、万能转换开关的安装与使用

(1) 万能转换开关的安装位置应与其他电气元件或机床的金属部件有一定间隙，以免在通断过程中因电弧喷出而发生对地短路故障。

(2) 万能转换开关一般应水平安装在屏板上，但也可以倾斜或垂直安装。

(3) 万能转换开关本身不带保护，使用时必须与其他电器配合。

(4) 当万能转换开关有故障时，必须立即切断电路，检查有无妨碍可动部分正常转动的故障，检查弹簧有无变形或失效，触头工作状态和触头状况是否正常等。

教学单元 4　开启式负荷开关

刀开关是一种结构简单、应用十分广泛的手动电器。它可以用来不频繁地接通和断开小电流电路，在大电流电路中可作隔离电源使用。由刀开关和低压熔断器组合而成的是负荷开关。目前，使用较广泛的刀开关是开启式负荷开关、封闭式负荷开关和组合开关。

一、刀开关概述

图 6-9 (a) 所示为刀开关的典型结构，它由操作手柄、刀夹座、闸刀和绝缘底板等部分组成。推动手柄来实现闸刀插入刀夹座与脱离刀夹座的控制，以达到接通和分断电路的要求。

刀开关的种类繁多，根据工作条件和用途的不同可分为刀形转换开关、开启式负荷开关、封闭式负荷开关、熔断器式刀开关、组合开关等；按极数可分为单极、双极、三极；按灭弧装置可分为带灭弧装置刀开关和不带灭弧装置刀开关；按接线方式可分为板前接线刀开关和板后接线刀开关。刀开关在电路图中的图形符号如图 6-9 (b) 所示，文字符号用 QS 表示。

二、开启式负荷开关的结构

开启式负荷开关俗称瓷底胶壳开关，是一种应用最广泛的手动开关。常用作交流额定电压 380/220V、额定电流至 100A 的照明配电线路的电源开关和小容量电动机非频

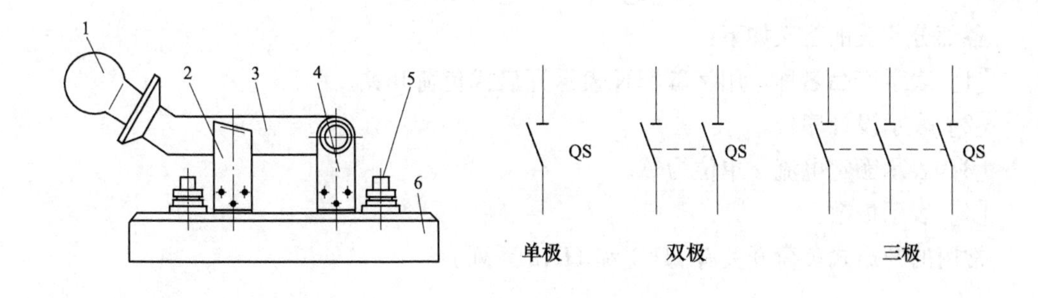

(a) 刀开关的典型结构　　(b) 符号

图 6-9　刀开关

1—操作手柄；2—刀夹座（静触头）；3—闸刀（动触头）；

4—铰链支座；5—接线端子；6—绝缘底板

繁启动的操作开关。

开启式负荷开关由瓷底板、熔丝、胶壳及触头等部分组成，结构如图 6-10（a）所示。胶壳的作用是防止操作时电弧飞出灼伤操作人员，并防止极间电弧造成电源短路，因此操作前一定要将胶壳安装好。熔丝主要起短路和严重过电流保护作用，从而保证电路中其他电气设备的安全。开启式负荷开关外形如图 6-10（b）所示，其具有价格低廉、使用维修方便的优点。

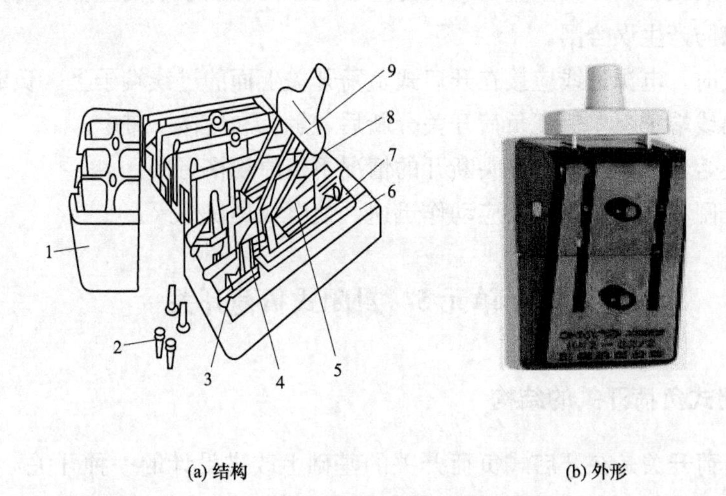

(a) 结构　　(b) 外形

图 6-10　开启式负荷开关示意图

1—胶壳；2—胶盖固定螺钉；3—进线座；4—静触头；5—熔丝；

6—瓷底板；7—出线座；8—动触头；9—瓷柄

三、开启式负荷开关的型号及含义

开启式负荷开关的型号表示方法如下：

[1] [2] — [3] / [4]

各部分代表的含义如下：

[1] 表示产品名称，用字母 HK 表示开启式负荷开关。

[2] 表示设计序号。

[3] 表示额定电流，单位为 A。

[4] 表示极数。

常用的开启式负荷开关有 HK1 和 HK2 系列。

四、开启式负荷开关的选用

开启式负荷开关在一般的照明电路和功率小于 5.5kW 的电动机控制线路中被广泛采用，但这种开关没有专门的灭弧装置，其触头容易被电弧灼伤引起接触不良，因此不宜用于操作频繁的电路。具体选用方法如下：

(1) 用于照明和电热负载时，选用额定电压 220V 或 250V，额定电流不小于电路所有负载额定电流之和的两极开关。

(2) 用于控制电机的直接启动和停止时，选用额定电压 380V 或 500V，额定电流不小于电动机额定电流 3 倍的三极开关。

五、开启式负荷开关的安装与使用

(1) 将开启式负荷开关垂直安装在配电板上，并保证手柄向上推为合闸，不允许平装或倒装，以防产生误合闸。

(2) 接线时，电源进线应接在开启式负荷开关上面的进线端子上，负载出线端接在开关下面的出线端子上，保证负荷开关分断后，触头和熔体不带电。

(3) 更换熔丝时，必须在触头断开的情况下按原规格更换。

(4) 在分闸和合闸操作时，应动作迅速，使电弧尽快熄灭。

教学单元 5　封闭式负荷开关

一、封闭式负荷开关的结构

封闭式负荷开关是在开启式负荷开关的基础上改进设计的一种开关，其灭弧性能、操作性能、通断能力和安全防护性能都优于开启式负荷开关，其外形如图 6-11 (a) 所示。因其外壳多为铸铁或用薄钢板冲压而成，故俗称铁壳开关，适合在额定交流电压 380V、直流电压 440V，额定电流至 60A 的电路中使用，用作手动不频繁地接通与分断负荷电路及短路保护，在一定条件下也可起过负荷保护作用，一般用于控制小容量的交流异步电动机。

封闭式负荷开关主要由熔断器、灭弧装置、操动机构和金属外壳等构成，三相动触头固定在一根绝缘的方轴上，通过操作手柄完成分闸、合闸的操作。封闭式负荷开关的操动机构有两个特点：一是采用了储能合闸方式，利用一根弹簧使开关的分合速度与手柄操作速度无关，这既改善了开关的灭弧性能，又能防止触头停滞在中间位置，从而提高开关的通断能力，延长其使用寿命；二是操动机构装有机械联锁装置，保证箱盖打开时，开关不能闭合，开关闭合时箱盖不能打开，这样既有利于充分发挥外壳的防护作用，又保证了更换低压熔断器等操作的安全，其结构如图 6-11（b）所示。

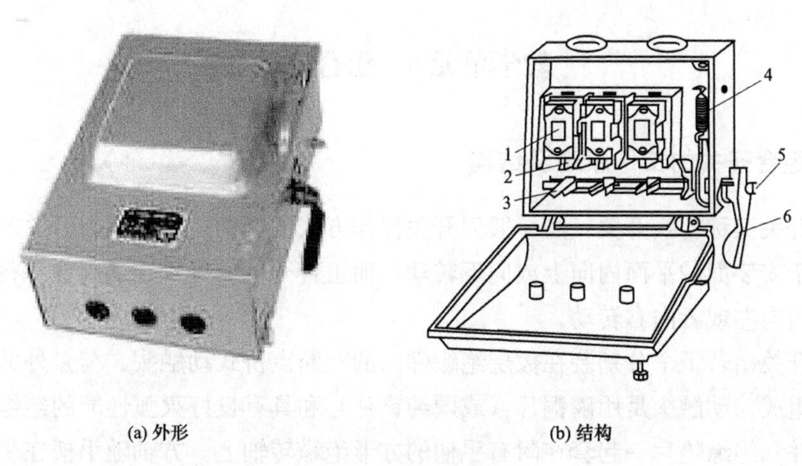

(a) 外形　　(b) 结构

图 6-11　封闭式负荷开关

1—熔断器；2—静触头；3—动触头；4—弹簧；5—转轴；6—操作手柄

二、封闭式负荷开关的型号及含义

封闭式负荷开关的型号表示方法如下：

［1］［2］－［3］/［4］

各部分代表的含义如下：

［1］表示产品名称，用字母 HH 表示封闭式负荷开关。

［2］表示设计序号。

［3］表示额定电流，单位为 A。

［4］表示极数。

常用的封闭式负荷开关有 HH3 和 HH4 两个系列，其中 HH4 系列为全国统一设计产品，可取代同容量的其他系列老产品。

三、封闭式负荷开关的选用和安装

封闭式负荷开关的选用方法与开启式负荷开关的相似，不仅在额定电压、额定电流、极数上应满足电路条件和被控对象要求，还应该考虑其极限分断能力，以满足当电路发生短路故障时，封闭式负荷开关内的低压熔断器能可靠地将电路断开。当作为小型电机的控制开关时，则还要考虑被控电机的容量。具体选用方法如下：

（1）封闭式负荷开关的额定电压应不小于线路的工作电压。

(2) 封闭式负荷用于控制照明和电热负载时，开关的额定电流应不小于所有负载额定电流之和；用于控制电动机时，开关的额定电流应不小于电动机额定电流的3倍。

(3) 外壳应可靠接地，防止意外漏电造成触电事故。

特别要注意：封闭式负荷开关安装完毕时，一定要将灭弧室安装牢固，还要检查弹簧储能机构是否能操作到位、灵活可靠。

教学单元6　组合开关

一、组合开关的工作原理及结构

组合开关又称转换开关，与一般刀开关操作方式的区别是，一般刀开关的操作手柄是在垂直于安装面的平面内向上或向下转动，而组合开关的操作手柄则在平行于其安装面的平面内向左或者向右转动。

组合开关由若干个分别装在数层绝缘件内的双断点桥式动触头、与盒外的接线相连的静触头组成。动触头是用磷铜片（或硬纯铜片）和具有良好灭弧性能的绝缘钢纸板铆合而成，并和绝缘垫片一起套在附有手柄的方形绝缘转轴上。方轴随手柄在平行于安装面的平面内沿顺时针或逆时针每次转动90°而旋转，于是动触头也随方轴转动并变更其与静触头的分、合位置，实现了接通或分断电路的目的。组合开关内装有速断弹簧，以提高触头的分断速度。所以，组合开关实际上是一个多触头、多位置式可以控制多个回路的手动控制电器。图6-12 (a)、(b) 分别为组合开关的外形、结构示意图，组合开关在电路图中的图形符号如图6-12 (c) 所示，文字符号用SA表示。

在电气控制线路中，它常被作为电源引入，可以用它来直接启动或停止小功率电动机或使电动机正反转、倒顺等，局部照明电路也常用它来控制。

组合开关有单极、双极、三极、四极几种，额定持续电流有10A、25A、60A、100A等多种。

二、组合开关的型号及含义

组合开关的型号表示方法如下：

[1] [2] — [3] [4] / [5]

各部分代表的含义如下：

[1] 表示产品名称，用字母HZ表示组合开关。

[2] 表示设计序号。

[3] 表示额定电流，单位为A。

[4] 表示专门用途代号。

[5] 表示极数。

组合开关有许多系列，如HZ1、HZ2、HZ3、HZ5、HZ15等系列。

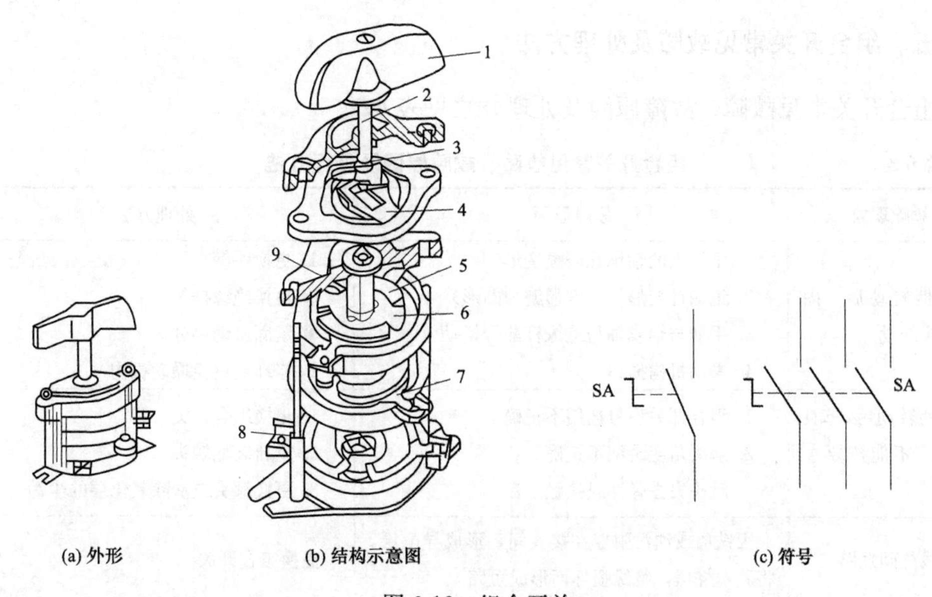

(a) 外形　(b) 结构示意图　(c) 符号

图 6-12　组合开关

1—手柄；2—转轴；3—弹簧；4—凸轮；5—绝缘垫片；6—动触头；
7—静触头；8—接线端子；9—绝缘杆

三、组合开关的选用

(1) 选用组合开关时，应根据电源的种类、电压等级、所需触头数、接线方式和负载容量进线选用，还要根据用电设备的耐压等级、容量和切换次数等综合考虑。当用于一般的照明、电热电路时，其额定电流应大于或者等于被控制电路的负载电流总和；当用于设备电源引入时，其额定电流稍大于或等于电路负载电流的总和；当用于直接控制异步电动机的启动和正反转时，开关的额定电流一般取电动机额定电流的 1.5～2.5 倍，且每小时切换次数不宜超过 20 次。

(2) 组合开关本身不带过载和短路保护装置，所以在它所控制的电路中，必须另外加装保护设备，才能保证电路设备安全。

四、组合开关的安装与使用

(1) HZ10 系列组合开关应安装在控制箱（或壳体）内，其操作手柄最好在控制箱的前面或侧面，开关为断开状态时手柄应在水平位置。HZ3 系列组合开关外壳上的接地螺钉应可靠接地。

(2) 若需在箱内操作，开关最好装在箱内右上方，并且在它的上方不安装其他电器，否则需要采取隔离措施或绝缘措施。

(3) 组合开关的通断能力较低，不能用来分断故障电流。

(4) 当操作频率过高或负载功率因数较低时，应降低开关的容量使用，以延长其使用寿命。

五、组合开关常见故障及处理方法

组合开关常见故障、故障原因及处理方法见表 6-3。

表 6-3　　组合开关常见故障、故障原因及处理方法

故障现象	故障原因	处理方法
手柄转动后，内部触头未动	1. 手柄上的轴承孔磨损变形 2. 绝缘杆变形（由方形磨为圆形） 3. 手柄与轴或轴与绝缘杆配合松动 4. 操动机构损坏	1. 更换手柄 2. 更换绝缘杆 3. 紧固松动部分 4. 修理或更换操动机构
手柄转动后，动、静触头不能按要求动作	1. 组合开关型号选用不正确 2. 触头角度装配不正确 3. 触头失去弹性或接触不良	1. 更换组合开关 2. 重新装配触头 3. 更换触头或清除氧化层的尘污
接线柱间短路	因铁屑或油污附着在接线间，形成导电层，将胶木烧焦，绝缘损坏而形成短路	更换组合开关

技能训练　主令电器的拆装与检测

一、实训目的

了解主令电器基本结构，并会拆卸、组装、检测及进行简单检修。

二、实训器材

实训器材见表 6-4。

表 6-4　　实 训 器 材

序号	名称	型号规格	数量
1	万用表	DT-9979	1块
2	绝缘电阻表	ZC-7 500V	1块
3	按钮	LA1-22K	若干
4	行程开关	LX1-121	若干
5	常用电工工具		1套

三、实训内容

1. 复合按钮的检测

外观检测复合按钮的动、静触头，螺钉是否齐全牢固，动、静触头是否活动灵活，外壳有无损伤等。用手推动按钮的动作机构，观察其动作过程。

复合按钮不动作时，用万用表电阻挡测试其常闭触头输入点和输出点是否全部接通，常开触头输入点和输出点是否全部不通。若不是，则说明按钮相应触头已坏。

2. 行程开关的检测

外观检测行程开关的动、静触头，螺钉是否齐全牢固，动、静触头是否活动灵活，外壳有无损伤等。用手推动行程开关的动作机构，观察其动作过程。

行程开关不动作时，用万用表电阻挡测试其常闭触头输入点和输出点是否全部接通，常开触头输入点和输出点是否全部不通。若不是，则说明行程开关相应触头已坏。

四、实训步骤与工艺要点

（1）拆卸一只复合按钮，将拆卸步骤、主要零部件名称、作用、各对触头动作前后的电阻值及各类触头接线柱号码、数据记入表 6-5 中。

表 6-5　　复合按钮的拆卸与测量记录

<table>
<tr><td colspan="4" rowspan="2">型号</td><td rowspan="2">拆卸步骤</td><td colspan="2">主要零部件</td></tr>
<tr><td>名称</td><td>作用</td></tr>
<tr><td colspan="4">触头接线柱号码</td><td rowspan="7"></td><td></td><td></td></tr>
<tr><td colspan="2">常开触头</td><td colspan="2">常闭触头</td><td></td><td></td></tr>
<tr><td colspan="2"></td><td colspan="2"></td><td></td><td></td></tr>
<tr><td colspan="4">触头电阻</td><td></td><td></td></tr>
<tr><td colspan="2">常开触头</td><td colspan="2">常闭触头</td><td></td><td></td></tr>
<tr><td>动作前</td><td>动作后</td><td>动作前</td><td>动作后</td><td></td><td></td></tr>
<tr><td></td><td></td><td></td><td></td><td></td><td></td></tr>
</table>

（2）拆卸一只行程开关，将拆卸步骤、主要零部件名称、作用、各对触头动作前后的电阻值及各类触头接线柱号码、数据记入表 6-6 中。

表 6-6　　行程开关的拆卸与测量记录

<table>
<tr><td colspan="4" rowspan="2">型号</td><td rowspan="2">拆卸步骤</td><td colspan="2">主要零部件</td></tr>
<tr><td>名称</td><td>作用</td></tr>
<tr><td colspan="4">触头接线柱号码</td><td rowspan="7"></td><td></td><td></td></tr>
<tr><td colspan="2">常开触头</td><td colspan="2">常闭触头</td><td></td><td></td></tr>
<tr><td colspan="2"></td><td colspan="2"></td><td></td><td></td></tr>
<tr><td colspan="4">触头电阻</td><td></td><td></td></tr>
<tr><td colspan="2">常开触头</td><td colspan="2">常闭触头</td><td></td><td></td></tr>
<tr><td>动作前</td><td>动作后</td><td>动作前</td><td>动作后</td><td></td><td></td></tr>
<tr><td></td><td></td><td></td><td></td><td></td><td></td></tr>
</table>

思考与练习题

6-1　什么是主令电器？常用的主令电器有哪些？

6-2　按钮的主要结构包含哪些部分？

6-3　简述按钮的动作过程。

6-4　简述位置开关的用途及分类。

6-5　行程开关的安装与使用注意事项有哪些？

6-6　万能转换开关的用途是什么？

6-7　行程开关、万能转换开关在电路中各起什么作用？

6-8　万能转换开关的安装与使用有哪些注意事项？

6-9　开启式负荷开关与封闭式负荷在结构和性能上有什么区别？

6-10　封闭式负荷开关的型号是如何表示的？型号中每一位的含义是什么？

6-11　组合开关有什么特点？与一般刀开关操作方式有什么区别？

6-12　组合开关的选用原则有哪些？

6-13　组合开关的常见故障有哪些？应怎么处理？

6-14　写出 SB、SQ、SA、QS 分别是什么低压电器的文字符号？

模块 7　低压组合电器和成套设备

知识点

1. 熟悉低压组合电器的特点、产品；
2. 掌握成套设备的定义、特点及低压成套设备的典型产品。

技能点

1. 能正确使用低压组合电器和成套设备；
2. 具有成套设备的安装和维护能力。

教学单元 1　低压组合电器

一、低压组合电器的定义

根据设计要求，将两种或两种以上的低压电器元件，按接线要求组成一个整体而各电器仍保持原性能的装置，即为低压组合电器。

二、低压组合电器的特点

低压组合电器中各电器仍保持原有的技术性能和结构特点，但要安排合理，且有些部件还可以通用，故整个装置结构紧凑，外形尺寸和安装尺寸较小，同时各电气元件之间能很好地协调配合，使用更方便。因此，采用组合电器能缩小占地面积和空间，减少现场安装工作量，降低投资，提高低压电器运行的安全性与可靠性。

三、低压组合电器的典型产品

低压组合电器品种很多，常见的低压组合电器有熔断器式刀开关、开启式负荷开关、封闭式负荷开关、组合开关、电磁启动器、综合启动器等。低压组合电器使用方便，可使系统大为简化。

1. 熔断器式刀开关

如图 7-1 所示，可用于配电系统中作为短路保护和电力电缆、导线的过载保护。在正常情况下，熔断器式刀开关可供不频繁地手动接通和分断正常电流与过载电流；在短路情况下，由熔体熔断来切断电流。

图 7-1　熔断器式刀开关

2. 电磁启动器

如图 7-2 所示，电磁启动器是由电磁接触器和过载保护元件等组合而成的一种启动器，又称磁力启动器。由于它是直接把电网电压加到电动机的定子绕组上，使电动机在全电压下启动，所以又称直接启动器。当电网和负载对启动特性均没有特殊要求时，常采用电磁启动器。因其不仅操作控制方便，而且具有过载和失压保护功能。

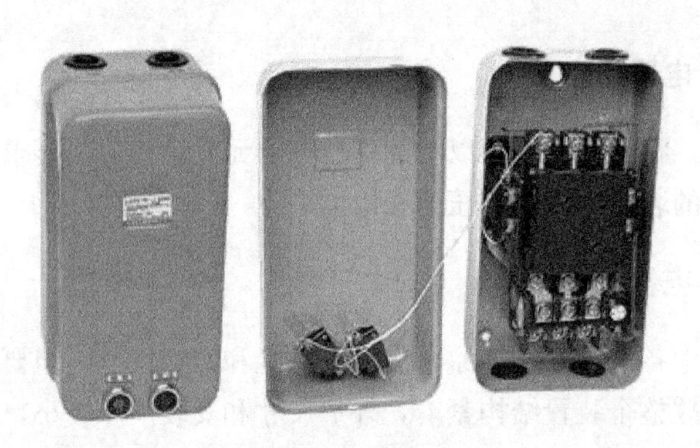

图 7-2　电磁启动器

3. 控制与保护开关

控制与保护开关由接触器、断路器（或熔断器）和热继电器等组合而成，具有远距离控制电动机频繁启动、停止及各种保护和控制的功能，用于工业电力拖动自动控制系统的电动机支路中。

如图 7-3 所示，随着控制与保护开关设备的不断更新换代，现在的控制与保护开关电器已不再是接触器、断路器、热继电器等多个独立的元器件的简单组合，而是经过模块化组合，作为一个整体元件应用在电力系统的控制和保护回路中，大大简化了保护线路的结构形式，避免繁杂的接线，减小了控制箱或控制柜的体积。这也将是低压组合电器未来发展的方向。

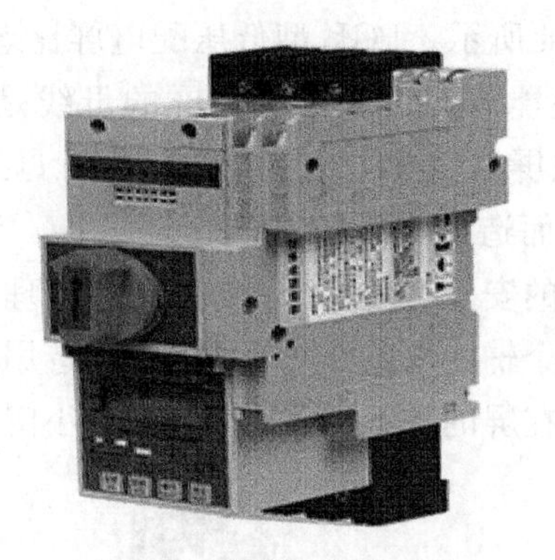

图7-3 控制与保护开关

教学单元2 低压成套设备

一、低压成套设备的定义

低压成套设备是指1000V以下电压等级中使用的成套电器设备。

电力成套设备将数量较多的电器按照供配电或系统控制的要求组装在一起，使其完成电力系统中某种功能的设备。

低压成套设备包含低压配电柜（或低压配电屏）、低压配电箱等电气设备。

二、低压成套设备的特点

(1) 有金属外壳（柜体或箱体等）的保护，电气设备和载流导体不易积灰，也不易受到动物的破坏，便于维护，特别是在污秽和老鼠较多的地区更为突出。

(2) 易于实现系列化、标准化生产，装配质量好、速度快，运行可靠性高。

(3) 结构紧凑、布置合理，缩小了体积和占地面积，因此降低了造价。

(4) 电器安装、线路敷设与变配电室的施工分开进行，可有效缩短基建时间。

三、低压成套设备的典型产品

低压成套设备是按一定的接线方案将一、二次设备组装而成，用于低压配电系统中动力、照明配电。低压成套设备有低压配电柜（或低压配电屏）和低压配电箱；按控制层次可分为总配电柜、分配电柜和动力、照明配电箱等。

1. 低压配电屏

低压配电屏又称开关屏，是按一定的接线方案将有关低压一、二次设备组装起来，用来接收和分配低压电能的，通常由控制电器、保护电器、计量仪表、指示仪表、母线及屏等部分组成。适用于发电厂、变配电所、厂矿企业中动力与照明配电之用。

常用的低压配电屏主要由薄钢板和角钢制成，一般正面安装设备，背面敞开。

PGL型低压配电屏是我国广泛采用的一类低压配电装置，为室内安装的开启式双面维护配电屏，外形如图 7-4 所示。PGL 型低压配电屏比老式的 BSL 型结构设计更为合理，电路配置全，防护性能好。例如，BSL 屏的母线是裸露安装在屏的上方，而 PGL 屏的母线是安装在配电屏后骨架上方的绝缘框上，母线上还装有防护罩，这样就可防止母线上方坠落金属物而造成母线短路事故的发生。PGL 配电屏具有更完善的保护接地系统，提高了防触电的安全性。其线路方案更为合理，除了有主电路外，对应每一主电路方案还有一个或几个辅助电路方案，便于用户选用。在屏的上方有可开启的小门，其上有各种测量仪表，在屏的正下方也有可开启的小门，以利维修。

图 7-4　低压配电屏

PGL 系列低压配电屏型号：PGL□-□。其型号含义：P—低压开启式配电屏；G—固定式；L—动力用；第一个□表示设计序号；第二个□表示一次方案号。PGL 系列低压配电屏的主电路额定电压 380V，额定频率 50Hz，额定工作电流至 1500A，额定绝缘电压 500V；辅助电路的额定工作电压有交流 220V、380V 和直流 110V、220V 四种。PGL 系列低压配电屏按主电路方案和分断能力，又分为 PGL1、PGL2、PGL3 型，其中 PGL3 型为增容型。因电气元件和母线不同，PGL1、PGL2、PGL3 的额定分断能力分别为 15kA、30kA、50kA（均为有效值），安装处的预期短路电流不能超过上述值。此类屏结构简单、实用，外形尺寸为 600（800、1000）mm × 600（800）mm ×2200mm。

PGL1、PGL2、PGL3 型分别有 41、64、121 个屏种，主要用于分配电能和控制电动机。

低压配电屏的每一个主电路方案对应一个或多个辅助方案，从而简化了工程设计。但由于低压配电屏背面敞开，既不利于防尘，也不利于防止小动物进入，还有发生误碰的危险，所以已由其换代产品低压配电柜替代。

2. 低压配电柜

低压配电柜又称低压开关柜，是将一个或多个低压开关设备和与之相关的控制、测量、信号、保护、调节等设备，按照一定的接线方案安装在四面封闭的金属柜内，用来接收和分配电能的设备，它用在 1000V 以下的供配电电路中。

低压配电柜有防止人身直接和间接触电，防止外界环境对设备的影响和防止小动物进入（如蛇、老鼠、鸟等）的优势。

低压配电柜主要有固定式和抽出式两大类。

（1）固定式低压配电柜。GGD 固定式低压配电柜如图 7-5 所示。GGD 低压配电柜又有单面操作和双面操作 2 种，双面操作式为离墙安装，柜前柜后均可维修，占地面积较大，在盘数较多或二次接线较复杂需经常维修时，可选用此种形式。单面操作式为靠墙安装，柜前维护，占地面积小，适宜在面积小的地方选用，这种低压配电柜目前较少生产。

图 7-5　GGD 型低压配电柜

GGD 型低压配电屏多用于变配电所和工矿企业等用户的动力、照明和配电设备的电能转换、分配和控制。其产品是单面操作、双面维护，为封闭式结构。具有分断能力高，动热稳定性好，结构新颖、合理，电气方案切合实际，系列性、适用性强，防护等级高等特点，可作为更新换代的产品使用。

GGD 型低压配电柜，其型号含义：首个字母 G—交流低压配电柜；第二个字母 G—固定安装，固定接线；D—电力用柜。GGD 系列交流低压配电屏的额定电压为 380V、额定频率 50Hz，额定工作电流至 3150A。按分断能力，GGD 系列也分为 GGD1、GGD2、GGD3 三个型号，分断能力分别为 5kA、30kA、50kA，外形尺寸最小、最大分别为 600mm×600mm×2200mm 和 1200mm×800mm×2200mm，主电路共有 129 个方案、298 个规格。

（2）抽屉式低压配电柜。抽屉式低压配电柜主要电器安装在抽屉或小车内，当遇到单元回路故障或检修时，将备用抽屉或小车换上便可迅速恢复供电。目前常用的抽屉式低压配电柜有 GCK 型、GCS 型、MNS 型、BFC 型等。其特点是馈电回路多、体积小、检修方便、恢复供电迅速，价格较贵。

GCK 型抽屉式低压配电柜如图 7-6（a）所示。其基本特点就是柜体基本结构是组合装配式，母线在柜体上部，各个功能室之间相互隔离，分别为功能单元室（柜前）、母线室（柜顶部）、电缆室（柜后）。由动力配电中心柜和电动机中心控制柜组成。其型号含义：G—封闭式开关柜，C—抽出式，K—控制中心。

GCS 型抽屉式低压配电柜如图 7-6（b）所示。GCS 型抽屉式低压配电柜为密封式结构，正面操作、双面维护。其电气方案灵活，组合方便，防护等级高。其型号含义：G—封闭式开关柜，C—抽出式，S—森源电气系统。

MNS 型抽屉式低压配电柜是用标准模件组装的组合装配式结构，如图 7-6（c）所示。其型号含义：M—标准模件，N—低压，S—开关配电设备。MNS 型抽屉式低压配电柜可分为动力配电中心柜（PC）和电动机控制中心柜（MCC）两种类型。该类配电柜设计紧凑，组装灵活，通用性强。

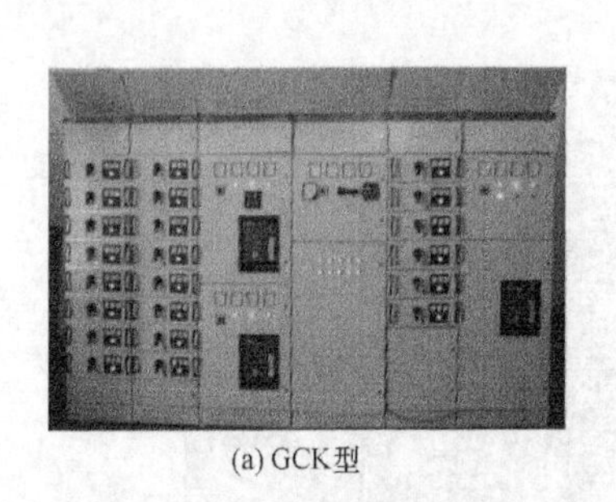
(a) GCK型

(b) GCS型

(c) MNS型

图 7-6　抽屉式低压配电柜

3. 低压配电箱

低压配电箱主要有动力配电箱、照明配电箱和插座箱等，如图 7-7 所示，主要用于交流 50Hz，额定电压 380V 的低压配电系统中作为照明配电和动力回路的漏电、过载等保护用，采用悬挂式箱结构，内装熔断器、刀开关、组合开关、断路器、接触器或磁力启动器等电器，有的还装有计量电表和一些信号、主令元件，典型产品有 XL-3、XL-10、XL-11、XL-12、XL-14、XL-15、XL-20、XL-21 等多个系列，主电路方案在一定程度上标准化。

低压配电箱主要由箱体、箱芯和箱门组成，按安装方式分为明装式和暗装（嵌入）式。

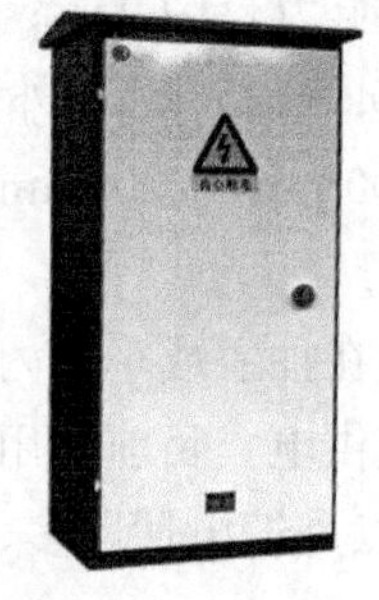
(a) XXLW型户外配电箱(明装式)

(b) XM型照明配电箱(嵌入式)

(c) XXCZ型插座箱(嵌入式)

图 7-7　低压配电箱

技能训练 PGL2 低压配电屏的安装

一、实训目的

(1) 了解各种工具、仪器的使用。
(2) 掌握 PGL2 低压配电屏内各回路的安装、布线。

二、实训器材

1. PGL2 低压配电屏设备

PGL2 低压配电屏设备见表 7-1。

表 7-1 PGL2 低压配电屏设备

序号	符号	名称	型号规格	数量
1	FU	熔断器	RL10/10	6 个
2	V	电压表	44L0-450	2 块
3	CK	电压转换开关	LW5-15-YH/3	2 个
4	A	电流表	44L-100/5	2 块
5	LW	电流转换开关	LW5-15-YH/3	2 个
6	QS	隔离开关	HDB-100/3	2 个
7	QF	漏电保护断路器	DZ15L-63A	2 个
8	TA	电流互感器	LM8-0. 5-100/5	6 个

2. 工具、材料

螺钉旋具、冲击电钻、电工用梯、圆头锤、电工刀、钢手锯、扳手、手电钻、丝锥、圆板牙、电焊机等。

三、实训内容

(1) PGL2 低压配电屏内回路的安装布线。
(2) PGL2 低压配电屏安装后的电路检查。

四、工艺要求

1. 配电屏内电流回路接线图、电压回路接线图的绘制和安装布线

(1) 图 7-8 所示为 PGL2 低压配电屏的系统图，由其电压回路原理图（见图 7-9）

绘制电压回路接线图。

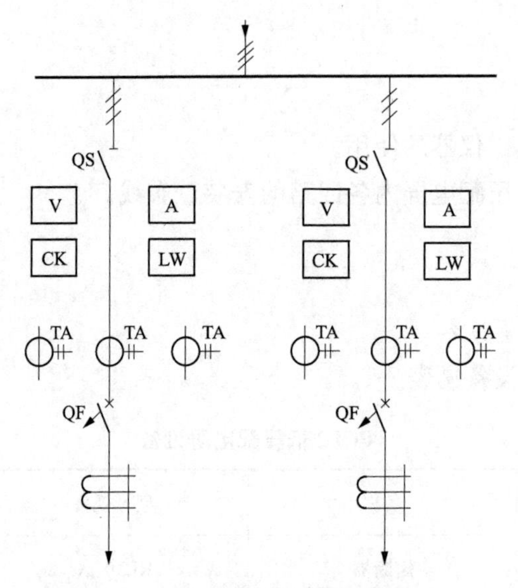

图 7-8　PGL2 低压配电屏系统图

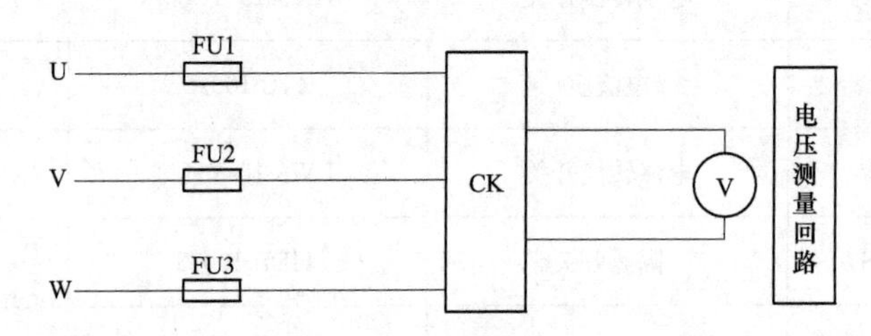

图 7-9　PGL2 低压配电屏电压回路原理图

1）PGL2 低压配电屏电压回路接线图如图 7-10 所示。

2）按 PGL2 低压配电屏电压回路接线图进行安装接线。

（2）由 PGL2 低压配电屏电流回路原理图（见图 7-11）绘制电流回路接线图。

1）PGL2 低压配电屏电流回路接线图如图 7-12 所示。

2）按 PGL2 低压配电屏电流回路接线图进行接线。

2. 安装接线过程的注意事项

（1）相序：U——黄、V——绿、W——红。

（2）注意电流互感器的正、负极不可接错，注意铁心和二次侧要良好接地。

（3）柜内敷设的导线符合安装规范的要求，即同方向导线汇成一束捆扎，沿柜框布置导线；导线敷设应横平、竖直，转弯处应呈圆弧过渡角。

3. 安装质量检查

线路安装后，进行安装质量检查。

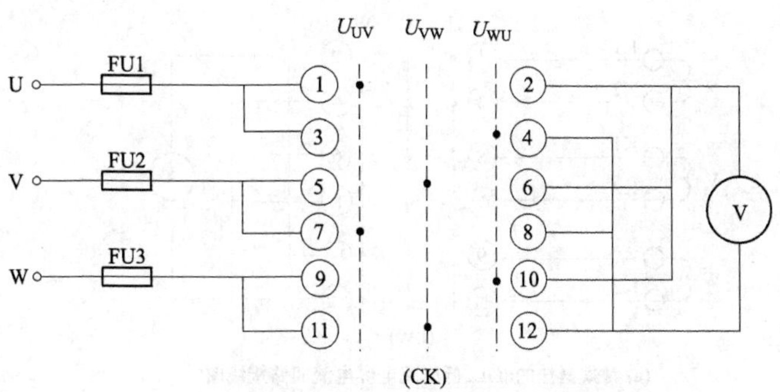

(a) 常规画法的PGL2低压配电屏电压回路接线图

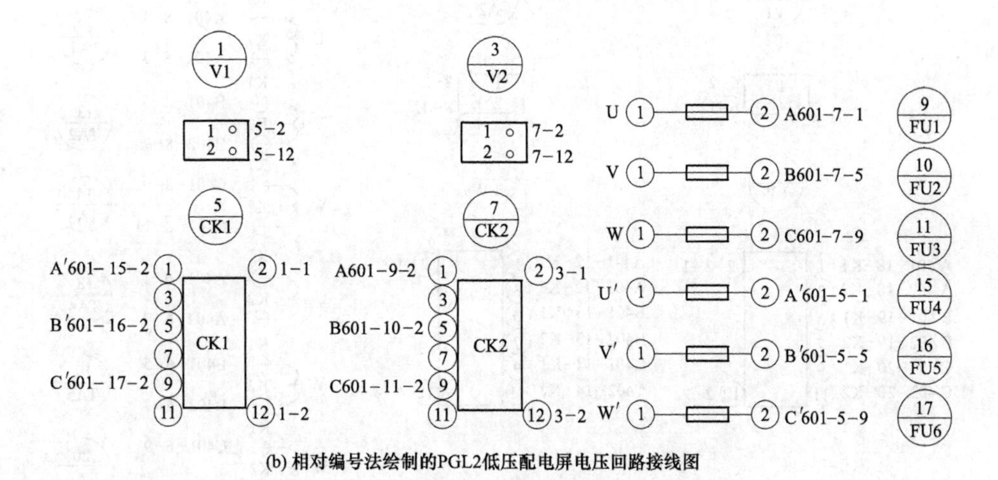

(b) 相对编号法绘制的PGL2低压配电屏电压回路接线图

图 7-10　PGL2 低压配电屏电压回路接线图

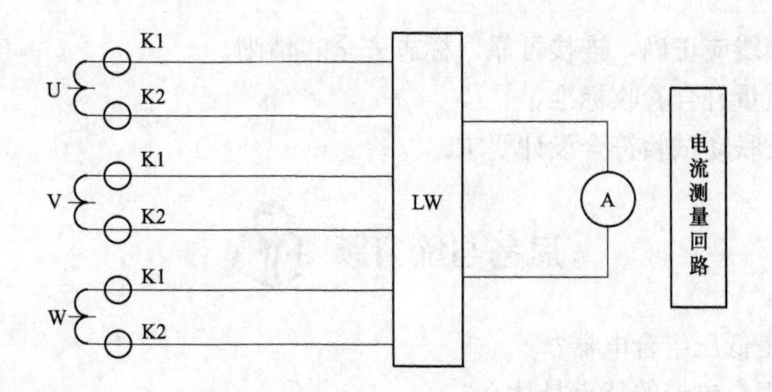

图 7-11　PGL2 低压配电屏电流回路原理图

五、检测标准

（1）配电屏内所装电气元件应完好，安装位置应正确、固定牢固，如图 7-12 所示。

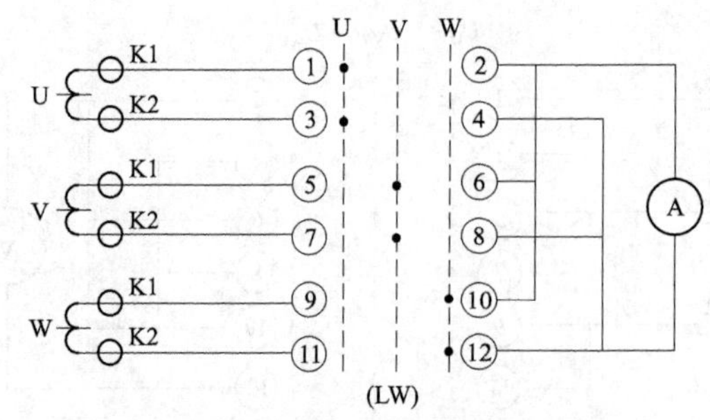

(a) 常规画法的PGL2低压配电屏电流回路接线图

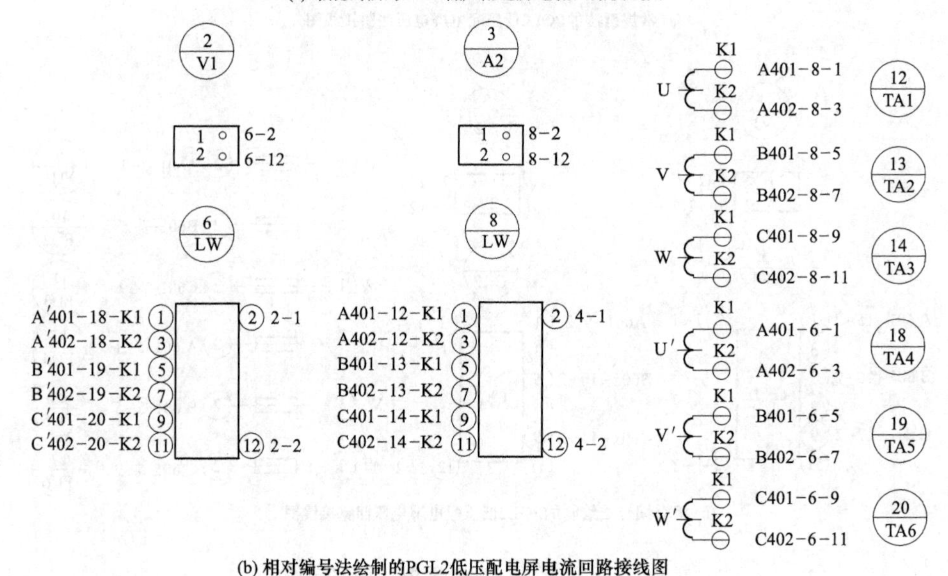

(b) 相对编号法绘制的PGL2低压配电屏电流回路接线图

图 7-12 PGL2 低压配电屏电流回路接线图

（2）所有接线应正确，连接可靠，标志齐全、清晰。

（3）安装质量符合验收标准。

（4）操动及联动试验符合设计要求。

思考与练习题

7-1 什么是低压组合电器？

7-2 低压组合电器的特点是什么？

7-3 低压组合电器的典型产品有哪些？

7-4 成套设备的特点是什么？

7-5 低压成套设备的作用是什么？

7-6 低压成套设备主要有哪几种？各适用于什么场合？

7-7 PGL 系列低压配电屏型号的含义是什么？

7-8　低压配电柜主要有哪两大类?

7-9　固定式低压配电柜与抽屉式低压配电柜在结构上有何区别?

7-10　目前常用的抽屉式低压配电柜有哪些类型?

7-11　抽屉式低压配电柜有什么特点?

7-12　抽屉式低压配电柜有什么优点?

7-13　低压配电箱按安装方式分为哪几类?

参 考 文 献

[1] 崔继仁．电气控制与PLC应用技术［M］．北京：中国电力出版社，2017.

[2] 汪永华．建筑电气［M］．北京：机械工业出版社，2015.

[3] 王晓玲．电气设备及运行［M］．北京：中国电力出版社，2007.

[4] 尹克宁．电力工程［M］．北京：中国电力出版，2018.

[5] 曹云东，等．电器学原理［M］．北京：机械工业出版社，2012.

[6] 李学武．城市轨道交通供变电技术［M］．北京：中国铁道出版社，2013.

[7] 贺湘琰，李靖．电器学［M］．3版．北京：机械工业出版社，2012.

[8] 肖朋生，张文，戴曰梅．低压电器控制技术［M］．北京：北京大学出版社，2014.

[9] 许志红．电器理论基础［M］．北京：机械工业出版社，2016.

[10] 冯晓，刘仲恕．电机与电器控制［M］．北京：机械工业出版社，2007.

[11] 邬书跃，陈忠平．电气控制与PLC原理及应用［M］．北京：中国电力出版社，2017.

[12] 刘刚．电气控制与PLC［M］．北京：中国电力出版社，2017.